BOMBES COSMIQUES

CHARLES FRANKEL

BOMBES COSMIQUES

La Terre face aux astéroïdes

Éditions du Seuil
*57, rue Gaston-Tessier, Paris XIXe*

ISBN 978-2-02-155047-4

www.seuil.com

Prologue

De violents impacts d'astéroïdes ont ébranlé la Terre autrefois, et cette menace plane toujours sur notre monde aujourd'hui. Pour beaucoup, ce péril reste abstrait, car rares sont ceux qui ont été victimes d'une frappe venue du cosmos ; la mort par impact ne figure pas bien haut dans la liste des causes possibles de décès : environ 1 risque sur 200 000 par rapport à 1 risque sur 100 de mourir dans un accident de voiture[1].

Pourtant, de gros accidents ont parfois lieu. Plusieurs éleveurs nomades ont été tués par l'impact de Toungouska en Sibérie, le 30 juin 1908, et les victimes se seraient comptées par millions si le projectile avait frappé une ville. Plus récemment, un millier de personnes peuvent témoigner de la violence du bolide qui a éclaté au-dessus de la cité russe

1. Ici, les statistiques pour les causes courantes de décès, et les probabilités pour les plus rares sont toutes deux mises à contribution pour arriver à de tels chiffres. Pour les morts par impact cosmique – une demidouzaine au cours du dernier millénaire – ce qui intervient surtout, c'est la probabilité d'un rare impact faisant des milliers de morts, divisée par la fréquence d'un tel impact sur des milliers d'années.

de Tcheliabinsk, le 15 février 2013, blessées par les éclats de verre des fenêtres soufflées par l'explosion.

Il a fallu du temps pour prendre conscience de notre fragilité face au cosmos, et si les collisions d'astéroïdes et de comètes avec la Terre sont somme toute assez rares à l'échelle d'une vie humaine elles peuvent atteindre, à des dates tout à fait imprévisibles, des magnitudes colossales. L'une des plus marquantes dans l'histoire de la vie sur Terre fut celle qui extermina les dinosaures, ainsi que les trois-quarts de toutes les autres espèces animales et végétales de l'époque, il y a 66 millions d'années, « rebootant » totalement le cours de l'évolution sur Terre et préparant le terrain pour l'ascension du genre humain.

D'autres grands impacts ont eu lieu sur Terre tout au long de son histoire, dévastant des régions ou des continents entiers. Ils ont formé de gigantesques cratères, larges de plusieurs dizaines à plusieurs centaines de kilomètres, appelés *astroblèmes*[1], mais qui ont longtemps échappé à la sagacité des géologues au sol, car l'érosion les a arrasés ou bien ensevelis sous un linceul de sédiments.

On ne s'est rendu compte de l'existence et de l'importance des cratères d'impact sur Terre qu'à partir des années 60, au temps des missions Apollo, lorsque des astronautes ont débarqué sur la Lune. Sans atmosphère capable de les effacer, les cratères sont restés intacts et c'est ainsi que les astronautes ont pu apprécier le nombre impressionnant d'impacts dont notre satellite a gardé les stigmates.

1. J'utiliserai fréquemment le terme d'*astroblème* dans ce livre (« blessure d'astre » en grec, un terme inventé par le planétologue américain Robert Dietz), comme synonyme de cratère d'impact.

Nous prenons donc conscience aujourd'hui de l'origine tumultueuse de la Terre et de la Lune, et des risques d'un impact d'astéroïde[1] à court ou moyen terme. Nous commençons également à nous demander comment nous pourrions faire face à une telle menace, si elle se présentait.

En tant qu'étudiant des sciences de la Terre, puis auteur scientifique, j'ai eu la chance de vivre le développement de ce domaine d'avant-garde qui a propulsé les impacts cosmiques sur le devant de la scène, et d'être le témoin privilégié de fascinantes découvertes, comme celle du cratère de Chicxulub au Mexique, responsable du massacre des dinosaures ; ou encore de participer aux campagnes d'exploration du cratère Haughton dans le Haut Arctique canadien, en mission pour la NASA et la Mars Society. C'est pourquoi j'émaillerai cette découverte des cratères d'impact d'anecdotes et de réflexions personnelles, et, sans plus attendre, je vous invite à vous rendre avec moi sur un site magnifique qui constituera le point de départ de notre parcours : le cratère de Charlevoix au Québec, sur les rives du grandiose Saint-Laurent.

Les cratères du Québec

C'est en effet au Québec et dans les provinces canadiennes voisines – Labrador et Ontario – que l'on a découvert les

1. Les projectiles qui touchent la Terre sont en majorité des astéroïdes – blocs rocheux et métalliques en orbite assez serrée autour du Soleil – et, pour environ un tiers, des comètes qui se sont formées beaucoup plus loin du Soleil à partir de poussière et de glace, comparables à des « boules de neige sales ».

premiers grands cratères d'impact sur Terre. Plus les impacts sont grands, plus ils sont rares et espacés dans le temps. Pour espérer en retrouver la trace, il faut donc de très anciens terrains qui ont peu bougé depuis des milliards d'années et qui ont constitué une ardoise durable sur laquelle ces impacts se sont inscrits, augmentant les chances que leur structure ait été préservée.

Le bouclier canadien, vieux de trois milliards d'années, constitue une telle ardoise qui cumule parmi les plus beaux exemples de cratères d'impact sur Terre. Je suis toujours pendu au hublot, lorsque je prends un vol Paris-Montréal, dans l'espoir d'en survoler. Tout d'abord, à la frontière du Labrador et du Québec, celui de Mistastin, que je n'ai survolé qu'une seule fois dans ma vie : un lac d'une vingtaine de kilomètres de long sur une douzaine de kilomètres de large, à la limite de la toundra et de la forêt boréale. Au milieu du lac, une île en forme de croissant marque le pic central du cratère, rehaussé par le rebond élastique de la croûte terrestre au point zéro de la collision. Cet impact a eu lieu il y a 35 millions d'années environ, en plein « boom » des mammifères, et il a peut-être fait partie d'une salve de fragments d'astéroïde ou de comète qui ont affecté plusieurs régions de la Terre à l'époque, en l'espace d'un ou deux millions d'années.

Une demi-heure de vol plus tard et 500 kilomètres plus loin, une autre merveille s'offre aux yeux, qui remplit cette fois tout le hublot, jusqu'à l'horizon. C'est l'immense astroblème de Manicouagan. Son diamètre initial est estimé à 100 kilomètres environ, lors de sa création il y a 215 millions d'années, au début de l'ère des dinosaures. Durant tout le temps qui s'est écoulé depuis, l'érosion a nivelé le relief qui devait comporter de hauts remparts, drapés d'une couverture de roches fracassées et fondues, retombées du ciel. Aujourd'hui, si les remparts ont disparu, l'intérieur de l'astroblème ressort sous la forme d'une douve circulaire de 70 kilomètres de diamètre, occupée par un lac, entourant le plateau central de rebond qui s'élève à plus de 500 mètres au-dessus des eaux, avec pour point culminant le mont Babel.

La douve annulaire draine les eaux depuis toute la région périphérique, et donne source au fleuve Manicouagan qui s'échappe par un col, côté sud, et descend se jeter dans le Saint Laurent. À la fin des années 50, avant même que l'on comprenne que le bassin de Manicouagan était un astroblème, les ingénieurs québécois ont construit un barrage à la hauteur du col, afin de transformer la douve annulaire en un immense réservoir, et de contrôler son débit au moyen de deux centrales hydroélectriques, d'une puissance de 2,7 gigawatts, égale à celle d'une centrale nucléaire[1].

L'astroblème de Manicouagan est l'une des cibles favorites des astronautes, lorsqu'ils photographient la Terre depuis l'espace, pour son intérêt géologique, autant qu'esthétique, d'autant que l'eau bleue du réservoir devient un spectaculaire anneau de glace en hiver *(voir ill. 1)*.

En continuant vers Montréal, nous gagnons l'estuaire du Saint-Laurent à hauteur de Tadoussac, à la confluence avec le Saguenay, que nous remontons vers le sud-ouest, une trajectoire à peu près rectiligne de Tadoussac à Québec et Montréal qui n'est plus distant que de 500 kilomètres.

1. Le Québec est un exemple, béni par sa situation géologique et climatique, de développement d'énergie renouvelable : 95 % de l'électricité y est produit par des barrages hydroélectriques.

Cette ligne que suit le Saint-Laurent, c'est une faille majeure de la croûte terrestre, qui a servi de rift d'ouverture pour un ancien océan, il y a 600 millions d'années. Sa fracture principale, la faille de Logan, découpe en hautes falaises le plateau montagneux des Laurentides, recouvert de forêts, qui ondule entre 500 et 1 000 mètres d'altitude. Les hivers y sont si rigoureux que la présence humaine y est minimaliste, limitée à quelques villages portuaires en contrebas.

Une fois passé Tadoussac, port connu pour aller observer les baleines, et quelques derniers caps et petites baies en bordure du fleuve, le front des Laurentides fait place à un vaste amphithéâtre creusé dans les montagnes : l'astroblème de Charlevoix.

Avec ses 54 kilomètres de diamètre, Charlevoix est la troisième plus grande structure d'impact du Canada, après Vredefort en Ontario et Manicouagan que nous venons de survoler. On y retrouve la même structure en douve – un fossé périphérique de vallées – encerclant un plateau central.

Charlevoix a la particularité d'être tranché en deux moitiés par la faille du Saint-Laurent. Seule la moitié nord de l'astroblème a été préservée, l'autre moitié ayant glissé sous le lit du Saint-Laurent où l'érosion a fini par la détruire. La rive nord du fleuve offre ainsi une vue en coupe de l'astroblème que nous survolons de bord à bord. Nous entrons dans son périmètre en franchissant une ride montagneuse couverte de forêts – ce qui reste des remparts du cratère – et débouchons au-dessus de la branche orientale de la douve, marquée par l'estuaire de La Malbaie et le village du même nom, riche de 9 000 habitants. Champs et cultures profitent de cette large douve et ont permis à la civilisation de s'installer à cet endroit très particulier du Saint-Laurent.

La vue en coupe le long du fleuve dévoile ensuite une remontée du relief qui correspond au plateau de rebond central de l'astroblème, couronne de hautes collines boisées avec à leur pied un village au nom évocateur : Les Éboulements. Puis, une fois passé la dizaine de kilomètres du plateau central, on retrouve la douve, cette fois côté ouest, qui s'épanouit en un nouvel estuaire : celui de Baie-Saint-Paul, où débouche la rivière du Gouffre, avec toute sa panoplie de champs cultivés. La ville compte pour sa part 7 000 habitants, mais elle accueille aussi de nombreux touristes qui viennent admirer les paysages et goûter au charme de la vie locale.

Au-delà de Baie-Saint-Paul, on remonte hors de la douve, pour retrouver le massif des Laurentides, après quelques terrasses et rides verdoyantes qui font office de rempart occidental du cratère. Quittant l'astroblème de Charlevoix, et après avoir survolé la ville de Québec, une centaine de kilomètres en aval, il est temps d'amorcer notre descente vers Montréal.

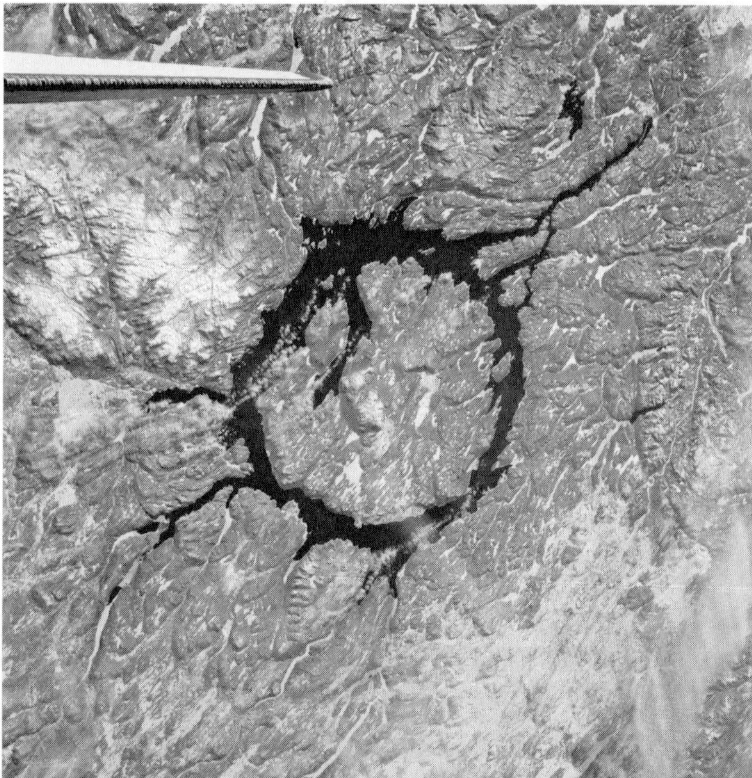

1. L'astroblème de Manicouagan

Le cratère d'impact de Manicouagan (Québec), photographié par la navette spatiale *Columbia*. Âgée de 215 millions d'années, large initialement de 100 km, la structure se distingue par un plateau central, entouré d'une douve périphérique que soulignent les eaux de retenue d'un barrage hydroélectrique. (© NASA ; www.nasa.gov/image-detail/amf-sts009-48-3139/)

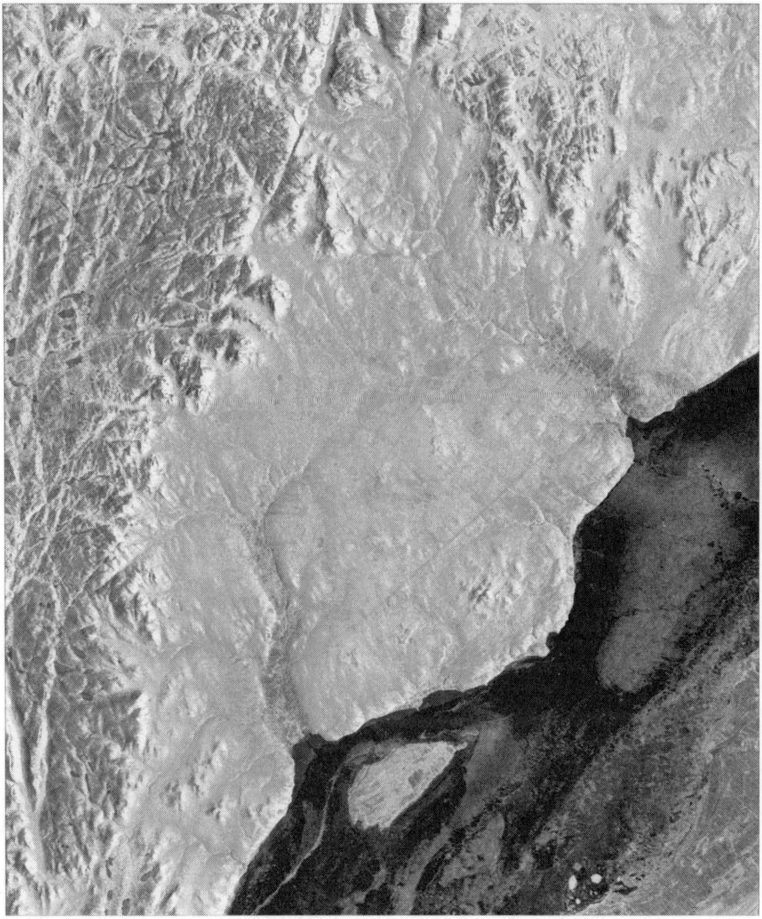

2. L'astroblème de Charlevoix

L'astroblème de Charlevoix (Québec) mesure 54 km de diamètre. Vieux de 450 millions d'années, il est coupé en deux par la faille du Saint-Laurent : la moitié rescapée, creusée dans le massif des Laurentides, arbore deux vallées qui encerclent le plateau central, la plus méridionale débouchant en vis-à-vis de l'île aux Coudres. (© ASC/Radarsat ; https://educharlevoix.ca/ecoresponsable/agence-spatiale-canadienne-asc-radarsat-1-image-en-haute-resolution-de-l-astrobleme-de-charlevoix/)

L'astroblème de Charlevoix

Découvrir un site comme Charlevoix est une expérience magique, tant pour la nature exceptionnelle du site que pour sa beauté.

Ce qui m'a le plus frappé sur place, c'est qu'après 400 millions d'années au bas mot – c'est l'âge qu'on lui accorde – l'astroblème soit aussi bien préservé. En outre, on peut prendre du recul et trouver des points de vue qui permettent d'embrasser le panorama presque complet du cratère en un seul regard, malgré son diamètre de plus de 50 kilomètres. Se rendre d'un bord à l'autre par la route littorale 362 permet de prendre toute la mesure de l'astroblème : il ne faut pas loin d'une heure de conduite pour parcourir son diamètre, en passant par Baie-Saint-Paul et La Malbaie. Les rides de basses montagnes qui se dévoilent tour à tour ont une signification : franchir le rempart et descendre dans la douve, remonter sur le versant du plateau central, puis redescendre.

Les pics ou plateaux centraux des astroblèmes, dus à la compression et au rebond de la croûte terrestre au point zéro, sont rarement préservés sur Terre, et l'ensemble des mamelons couverts de forêts au centre de Charlevoix font figure d'exception. Ils sont suffisamment élevés – 768 mètres pour le point culminant, le mont des Éboulements – pour constituer un relief visible de loin, large d'une demi-douzaine de kilomètres. Même depuis la rive opposée du Saint-Laurent, l'échine du bombement central de collines est clairement visible.

Se rendre compte que la région de Charlevoix était le site d'un vieil impact cosmique n'a pourtant pas été immédiat.

De nombreux paysages sur Terre sont circulaires et ont des origines diverses. Et, comme on l'a déjà mentionné, il a fallu attendre que la science des impacts prenne son envol dans les années 60 pour que les géologues aient l'ouverture d'esprit nécessaire de considérer l'hypothèse si extraordinaire d'un impact cosmique, et qu'ils disposent de techniques astucieuses et infaillibles pour les identifier.

Car, en effet, comment prouver qu'un paysage a été forgé par un impact cosmique plutôt que par des processus géologiques ordinaires, comme les plissements montagneux et les éruptions volcaniques ? Le projectile lui-même est volatilisé lors de l'impact, éliminant tout espoir de trouver des morceaux visibles de matière extraterrestre, sauf dans des cas très particuliers. Des roches magmatiques, résultant de la fusion des roches locales au point zéro, sont en revanche très probables : à Charlevoix, on en trouve des affleurements – des expositions à la surface – en quelques rares endroits. Comment faire la différence avec des laves volcaniques ? Le diable est dans le détail. Quand on sait ce que l'on cherche, la quête est fascinante : c'est comme une chasse au trésor.

Ainsi, mon premier réflexe lorsque je débarque sur un terrain inconnu, c'est de partir à la recherche d'indices. Et quel joli cadre que les collines centrales de Charlevoix, couvertes de pinèdes, pour se prêter au jeu ! Cela étant, beaucoup de terrains sont des propriétés privées. Le mont des Éboulements lui-même fait partie d'un grand domaine tenu par une communauté de moines : les Petits Frères de la Croix. Les moines proposent d'ailleurs un hébergement de méditation sur leurs terres, qui profite pleinement de ce cadre enchanteur, tout auréolé de sa dimension cosmique.

À défaut d'entrer sur ces terres privées, une petite route en contrebas suffit à mon bonheur, bordée de quelques chalets aux couleurs pimpantes, qui se termine en cul-de-sac dans la pinède. Les routes sont une aubaine pour un géologue, et pas seulement pour se déplacer. Elles ont souvent nécessité un débroussaillage, voire un déblayage du sol superficiel, mettant à nu les strates rocheuses traversées. J'ai souvent profité de ces coups de pelleteuse gratuits et cette route des chalets en est un bon exemple.

Dès que je mets pied à terre, voiture garée contre un talus, c'est le jackpot. Quelques pas suffisent pour repérer des fragments de roche incrustés dans la terre meuble, dont la texture et la couleur allument tous les voyants du logiciel « impact » qui a pris le contrôle de mon cerveau. C'est comme pour les champignons : il suffit d'activer les critères de reconnaissance pour que les roches suspectes sautent aux yeux.

Dans ce modeste talus m'est ainsi apparue une panoplie d'échantillons symptomatiques d'un impact cosmique, et notamment des brèches : de véritables puddings minéraux, composés de fragments de roche arrachés par l'impact et soudés ensemble par la chaleur de la déflagration. Dans les cas les plus extrêmes, les fragments sont totalement fondus, et la roche ressemble à une lave volcanique : on lui donne alors le nom de fonte d'impact. Fouillant le talus, j'avais les yeux écarquillés comme un enfant devant la vitrine d'une pâtisserie.

Outre ces brèches et ces fontes d'impact, que les critiques non convaincus peuvent toujours attribuer à des causes normales et très terre à terre, en invoquant par exemple des éruptions volcaniques, un autre indice est indéniablement révélateur d'un impact cosmique : il s'agit de la trace laissée par les ondes de choc autour du point zéro. Ces ondes de compression impriment dans la roche des fractures coniques appelées cônes de percussion – *shatter cones* en anglais – dont l'axe pointe systématiquement vers le centre de la déflagration. Ce sont de tels bouquets de fractures qui ont révélé la nature météoritique du site de Charlevoix, au milieu des années 60.

À l'époque, le géologue Jehan Rondot (1925-2019) cartographiait des affleurements rocheux en bord de route, dont les stries évoquaient des frottements et déformations le long d'une faille. Mais en ce bel été 1965, en regardant les stries de plus près, Jehan Rondot s'aperçut de leur étrange disposition conique, qui lui mit la puce à l'oreille. Les astroblèmes n'étaient pas sa spécialité, mais leur étude faisait grand bruit à l'époque, avec la découverte du cratère du Nouveau-Québec en 1963, suivie de celle des lacs Clearwater, près de la baie d'Hudson, l'année suivante. Jehan Rondot demanda donc l'avis de deux spécialistes ; ils lui confirmèrent que les étranges déformations rocheuses de Charlevoix étaient bien les cônes de percussion d'un impact. Quelques rapports plus tard, l'origine météoritique du site était formellement reconnue par la Commission géologique du Canada, en 1968.

Là, j'avoue qu'il fallait vraiment avoir l'œil. Martin Bouchard, guide émérite de l'astroblème, m'a conduit à l'affleurement historique de ces cônes de percussion, sur la petite route qui mène au village de Saint-Hilarion, au cœur du cratère. La roche exposée sur le bord de la route, qui ressemble à un granite rose, est discrètement marquée de ces fameux cônes qui se chevauchent, leurs stries rappelant une queue-de-cheval. Mais il n'y en a pas beaucoup qui sautent aux yeux : si j'avais été seul, je serais facilement passé à côté.

Depuis cette route de Saint-Hilarion, on voit des champs et des fermes au loin ; au-delà des collines, la douve du cratère est encore plus fertile et densément peuplée. On y cultive surtout l'avoine, Charlevoix privilégiant l'élevage – poulets, vaches et moutons – et tout cela n'existerait pas sans l'abri en amphithéâtre du cratère, qui poinçonne les Laurentides et draine l'eau des montagnes alentour. Près de 30 000 personnes habitent l'enceinte de l'astroblème.

Une journée en enfer

Cela étant, il faut terminer ce portrait idyllique d'un cratère d'impact en évoquant la violence de sa création. Le diamètre de l'astroblème trahit une énergie d'impact qu'il est possible aujourd'hui d'estimer avec une certaine précision, les simulations sur ordinateur permettant même de recréer le déroulement du désastre – le mot « désastre » prenant ici tout son sens, puisque le terme signifie littéralement le décrochement d'un astre.

Les médias et les profanes parlent souvent d'une « chute de météorite », lorsqu'ils évoquent un impact cosmique. C'est un euphémisme, car il ne s'agit pas de la simple chute d'une pierre, mais de la collision à grande vitesse d'un massif rocheux avec la Terre. Pour Charlevoix, le diamètre du projectile a été estimé à plus de quatre kilomètres – imaginez le mont Blanc – et sa vitesse à 20 kilomètres par seconde : 72 000 kilomètres par heure. À cette vitesse, on traverserait l'Atlantique, de Montréal à Paris, en moins de cinq minutes.

La fine atmosphère terrestre, traversée en trois secondes, n'a pas ralenti le bolide d'un iota. Le bouclier canadien fut percuté de plein fouet, l'énergie de la collision étant estimée à 6 millions de mégatonnes de TNT, l'équivalent de 4 000 à

5 000 fois l'arsenal nucléaire de l'humanité, soit 50 millions de bombes atomiques « standard » explosant en même temps.

En quelques secondes, la déflagration a creusé un trou béant dans la croûte terrestre jusqu'à une profondeur de 10 kilomètres, éjectant plusieurs milliers de milliards de tonnes de roches fracassées, liquéfiées et vaporisées dans toutes les directions. Le fond du cratère s'est rempli d'un anneau de roche fondue, alors qu'au centre le rebond élastique de la croûte terrestre, en réaction à sa violente compression, a soulevé un plateau central, tel un monte-charge géant, et qu'en périphérie les versants instables de la cavité se sont effondrés en glissements de terrain catastrophiques, élargissant en quelques minutes le diamètre du cratère d'une trentaine à une cinquantaine de kilomètres. Ces effondrements, alliés au déluge de roches qui retombaient du ciel, ont comblé en quelques minutes la cuvette et relevé sa profondeur à moins de 2 000 mètres. Pour parachever le tableau, imaginez des torrents incandescents de fonte d'impact ruisselant de terrasse en terrasse et des blocs de roche fondue retombant dans les bras de mer tout proches, à grand renfort d'explosions de vapeur.

Il ne faisait pas bon se trouver au point zéro à l'époque, comme on peut bien l'imaginer. L'âge de l'impact est estimé aux alentours de 450 millions d'années, une période où la vie était très primitive : poissons, céphalopodes et crustacés qui restaient cantonnés dans les océans, la terre ferme n'étant colonisée que par quelques bancs de mousse autour des cours d'eau. Cette vie primitive fut massacrée dans un rayon de plusieurs centaines de kilomètres. Pour s'en convaincre, imaginez que vous êtes sur place.

À 100 kilomètres du point zéro, soit au niveau de la future

ville de Québec, une boule de feu 2 000 fois plus brillante que le Soleil, accourant de l'est, aurait empli le ciel et instantanément enflammé tout vêtement, la peau nue recevant elle-même des brûlures au troisième degré. Trois minutes plus tard, un déluge de rocaille se serait mis à tomber du ciel, enfouissant les témoins sous quinze mètres de débris – un linceul trois fois plus épais qu'à Pompéi – le tout parachevé au bout de la cinquième minute par un souffle d'air chaud atteignant 5 000 kilomètres par heure.

Même avec du recul, depuis le site de la future Montréal à près de 400 kilomètres du point zéro, l'addition est à peine moins sévère : la rayonnante boule de feu atteint encore la brillance d'une centaine de soleils, infligeant toujours des brûlures au troisième degré ; le coup de vent souffle encore à 1 000 kilomètres par heure ; et le linceul de pierraille tombée du ciel s'entasse sur plus d'un pied d'épaisseur[1].

On l'aura compris : lorsqu'un impact de cette taille frappe la Terre, mieux vaut ne pas se trouver dans les parages. Si une telle collision avait lieu aujourd'hui au centre de la France, la vie serait exterminée dans l'ensemble du pays, les arbres se couchant et s'enflammant sur la majorité du territoire. Ce qui mène à la question brûlante : quelle est la probabilité qu'une telle catastrophe se répète à l'avenir quelque part sur la planète ? Quel intervalle de temps s'écoule entre deux frappes ?

Question cruciale, mais dans la mesure où la grande majorité des astroblèmes sont effacés par l'érosion ou enterrés

1. Cette reconstitution des effets de l'impact est fondée sur le logiciel développé par les planétologues H. Jay Melosh, Robert Marcus et Gareth Collins, accessible en ligne sur le site de l'Imperial College de Londres : https://impact.ese.ic.ac.uk/ImpactEarth/ImpactEffects/

sous les sédiments, comment estimer leur nombre total et en déduire la fréquence des impacts sur Terre ?

La réponse est venue de l'exploration de la Lune par les astronautes d'Apollo. Notre satellite, sans activité tectonique, sans air et sans érosion, a accumulé la trace de toutes les frappes qu'il a reçues à nos côtés, depuis la nuit des temps. Cette histoire, qu'a retenue la Lune, mérite d'être contée.

1

En passant par la Lune

Quand j'avais dix ans, en me rendant chez mes oncles et tantes aux États-Unis, je découvris émerveillé sur leur table de salon les numéros du magazine *National Geographic* qui retraçaient chaque vol pionnier du programme Gemini : des images à couper le souffle de vaisseaux en orbite autour du globe, et de sorties d'astronautes dans l'espace, avec la Terre bleue en toile de fond. En ce milieu des années 60, le programme spatial battait son plein : Russes et Américains étaient au coude-à-coude dans la course à la Lune, et le monde retenait son souffle, quant à qui serait le premier à marcher sur cet autre monde.

La conquête spatiale nous avait inspirés, mes copains et moi, et nous avions décidé de rejoindre la course. La Lune, c'était un peu ambitieux ; notre objectif, plus modeste : mettre une souris en orbite terrestre. Avec beaucoup d'espoir et très peu d'argent de poche. À terme, il allait nous falloir une fusée à trois étages, d'après nos plans fort détaillés, haute de deux mètres, très officiellement baptisée *Capella* : l'une des étoiles les plus brillantes du ciel. Nous avions commencé sagement par le plus simple : le développement du troisième étage à propergol solide. C'est-à-dire une fusée de feu d'artifice.

Notre cheval de bataille était le moteur-fusée R-8 – nom que nous avions pompeusement donné à l'une des pièces de feu d'artifice que vendait le grand artificier de la place de Paris : les établissements Ruggieri. La firme historique – fondée en 1736 sous le règne de Louis XV –, avait un comptoir dans le neuvième arrondissement, où l'on pouvait acheter des pièces de feu d'artifice à l'unité. J'avais un mot d'autorisation d'achat de mes parents, assez bien imité, et je repartais en culotte courte vers le métro, feux d'artifice dans mon cartable.

Le désormais très officiel moteur-fusée R-8 prenait place dans un tube en carton, avec ailerons en balsa, surmonté d'une capsule dérivée d'une boîte à pailles en plastique transparent où prendrait place la téméraire souris blanche. Achetées dans une animalerie des quais de la Seine, nous avions deux candidates : Bormouse – nommée d'après l'astronaute Frank Borman – et Pawstrong, dont la patte allait faire honneur à Neil Armstrong.

Leur entraînement pour le vol s'était déroulé sans anicroche dans une cage d'escalier du seizième arrondissement – suffisamment large pour l'opération – ce qui avait permis de valider le déploiement du parachute, après plus d'une seconde de chute libre et des moments inoubliables d'impesanteur pour les vaillantes souris.

Le premier vol historique était revenu à Bormouse : il connut quelques problèmes, notamment un parachute déficient, et en sortit très étourdi. Quelques semaines plus tard, le second vol, effectué par Pawstrong, suivit une trajectoire balistique optimale, dépassant 150 mètres d'altitude, avec ouverture haut dans le ciel du parachute de la capsule, scintillante au soleil. Pawstrong atterrit comme une fleur dans le champ voisin et, après inspection médicale et une tentative d'interview, fut relâchée dans la nature.

À 150 mètres de hauteur, nous avions franchi avec brio le millième de l'altitude qu'il fallait atteindre pour la mise en orbite d'une souris. Bien sûr, il restait beaucoup à faire : 99,9 %, en fait. Mais c'est alors qu'un raccourci dans l'espace-temps me dispensa de l'impossible tâche de développer les deux premiers étages à propergol liquide de la fusée *Capella* – essence de térébenthine et acide nitrique – et me propulsa directement, et beaucoup plus sûrement, dans le monde de la planétologie.

Cap sur les États-Unis

Un jour de printemps 1969, je revenais de la boutique Ruggieri avec mes feux d'artifice dans mon cartable, prêt à regagner le métro, quand une affiche de concours attira mon regard dans la vitrine d'un magasin. Le concours s'appelait « Opération espace » : il était organisé par la société d'électronique Philips et la station de radio Europe 1, sous la houlette du chercheur et journaliste scientifique Albert Ducrocq (1921-2001). Les heureux lauréats partiraient aux États-Unis visiter les centres de la NASA. Ouvert aux moins de vingt-cinq ans, le concours consistait à proposer une idée innovante, en une demi-page ou moins, sur le thème : « Comment mettre l'espace au service des hommes. »

J'avais treize ans. Je remplis trois ou quatre bulletins, et l'une de mes idées retint l'attention du jury : un projet alambiqué de sonde spatiale pour chercher des roches contenant d'éventuelles traces fossiles de vie, à un point précis d'équilibre gravitationnel entre la Terre et la Lune (le point de Lagrange L1 pour être précis) où des morceaux d'astéroïdes ou de comètes pouvaient se trouver piégés.

Quelque temps plus tard, alerté par un télégramme cryptique d'Europe 1, je pris connaissance des résultats à la radio et appris, sidéré, que je faisais partie des vingt lauréats. Notre groupe partirait deux semaines au cœur du programme spatial américain, du centre de recherche Marshall dans l'Alabama aux bayous de la Louisiane où étaient conçues et construites les fusées *Saturn V* du programme Apollo, au centre de contrôle de Houston, et aux tours de lancement de Cap Kennedy.

Cet été-là, le 21 juillet, Neil Armstrong et Buzz Aldrin venaient de marcher sur la Lune. Notre voyage avait lieu début septembre et coïncidait avec les préparatifs d'Apollo 12, avec l'impressionnante fusée *Saturn V* déjà en place sur son pas de tir. Le rêve absolu : j'ai une reconnaissance énorme et une pensée particulière pour Albert Ducrocq qui s'est investi sans compter à l'époque dans la promotion des sciences auprès des jeunes.

Personnellement, j'avais bien besoin de ce soutien, car je n'étais pas un très bon élève au lycée. Je surnageais grâce à ma passion pour la géologie et l'astronomie. Mon objectif était de rejoindre la science balbutiante de la planétologie, là où elle avait le vent en poupe : aux États-Unis. Le gouvernement américain avait énormément investi dans les universités du pays, pour développer les disciplines liées au domaine spatial, et un nombre important de départements de géologie et de physique offraient des cours de planétologie. C'est ainsi qu'au sortir du baccalauréat, je fus reçu à l'université américaine de Middlebury College dans le Vermont, pour y étudier les sciences de la terre et de l'espace.

En ce milieu des années 70, la géologie sortait d'une révolution majeure : la tectonique des plaques, qui expliquait en une brillante synthèse la genèse des bassins océaniques, la dérive des continents, les séismes et les volcans. J'avais la chance d'être au cœur de l'action : mon professeur et directeur de mémoire, le Californien David Clague, qui avait moins de trente ans à l'époque, était déjà connu pour ses travaux en volcanologie sous-marine dans le Pacifique. Quant à mon professeur d'océanographie, le Britannique Thomas Davies, il avait été chef de mission sur le navire de forage *Glomar Challenger*, à carotter le fond des océans tout autour du globe.

La planétologie était à l'honneur. Les missions Apollo remontaient à cinq ans à peine, les sondes *Viking* étaient en route pour Mars, et de nouveaux cratères d'impact continuaient d'éclore sur les cartes de la Terre. Mon professeur David Clague avait eu soin d'intégrer dans son cours des travaux pratiques consacrés aux impacts, qu'il m'avait demandé d'encadrer.

C'était un exercice intéressant. Je préparais avec les étudiants de grands bacs de sable, avec des couches de couleurs différentes : sable bleu en bas, rouge au milieu, blanc au-dessus. Avec une catapulte, les étudiants propulsaient une bille d'acier qui frappait le bac à sable, créant un cratère et bouleversant les couches de notre gâteau. L'observation clef, c'était qu'autour du cratère les couches de sable éjectées retombaient dans l'ordre inverse de leur disposition originale : la profonde couche bleue était retournée comme une crêpe au-dessus de la couche blanche. Ce renversement des strates était constaté autour des cratères d'impact, comme le Meteor Crater, et c'était bluffant de l'observer dans notre salle de classe.

On se penchait aussi sur de grands tirages photo en noir et blanc du cratère Copernic, l'une des formations les plus spectaculaires de la Lune. Copernic, c'est le cratère d'impact par excellence. Avec ma petite lunette astronomique qui grossissait cent fois, je l'admirais déjà, enfant, depuis le balcon de notre maison en Bretagne.

Dans les images prises à bout portant par les sondes spatiales, le cratère de 100 kilomètres de diamètre montre un pourtour légèrement hexagonal, plutôt que circulaire, et trois grandes terrasses descendant en marches d'escalier vers le fond de la cuvette, avec au centre le rebond de la croûte lunaire, créant un groupe de montagnes escarpées, hautes de plus de 1 000 mètres. Le fond de la cuvette et les terrasses sont tapissés de laves d'impact, sombres et lisses, où l'on distingue même des cônes érigés par le bouillonnement du magma, et des chenaux d'écoulement de la roche fondue, plongeant des terrasses vers le fond du cratère.

L'extérieur de la structure n'est pas moins impressionnant, son haut rempart de débris descendant en une jupe large d'une trentaine de kilomètres vers les plaines environnantes. Mais l'empreinte de Copernic ne s'arrête pas là. Comme on peut l'observer avec une simple paire de jumelles, des raies claires de débris – appelés *éjectas* – s'étendent radialement dans toutes les directions, jusqu'à 800 kilomètres du cratère : ce sont les trombes de roche éjectées de la cavité, qui ont bombardé les environs. Certains des fragments projetés devaient mesurer près d'un kilomètre, car ils ont formé leur propre cratère en retombant, large de 6 à 7 kilomètres pour certains.

Ces études étaient innovantes. Cela ne faisait qu'une dizaine d'années que les cratères de la Lune avaient été reconnus comme étant des cicatrices d'impact : la science que nous découvrions était toute jeune. Jusqu'aux années 60, la plupart des géologues pensaient que les cratères de la Lune étaient plutôt des volcans. Ce sont les sondes spatiales lancées vers la Lune, et les échantillons rapportés par les astronautes qui ont fait pencher la balance.

Rencontre avec les astronautes

Les astronautes d'Apollo étaient des personnages hors du commun. En plus d'être des pilotes d'essai triés sur le volet, ils avaient un haut potentiel intellectuel, chacun assigné à une discipline comme les circuits électriques de leur vaisseau spatial, les manœuvres orbitales, les scaphandres, les télécommunications et, bien sûr, pour tous, la géologie. En deux ans d'entraînement, en salle de classe et en sorties sur le terrain, ils avaient acquis un niveau proche de la maîtrise, et savaient distinguer une lave volcanique d'une brèche d'impact et un cristal d'olivine d'un pyroxène.

Lorsque j'étais étudiant, à la fin des années 70, moins de cent astronautes et cosmonautes[1] avaient volé au total dans l'espace. Vingt-quatre Américains avaient accompli le vol Terre-Lune dans le cadre des vols Apollo, et douze avaient aluni et marché à la surface de l'astre.

Lors de ma troisième année d'université à Middlebury

1. Le terme « astronautes » désigne les Américains, « cosmonautes » les Russes, « spationautes » les Européens et « taïkonautes » les Chinois.

College, le journaliste Albert Ducrocq me contacta depuis Paris pour une mission très spéciale. Une manifestation importante dédiée à l'exploration spatiale, baptisée « Espace et civilisation », allait se tenir dans la ville de Lyon, en juin 1978. Albert Ducrocq avait relevé le défi de réunir à cette occasion le plus grand nombre possible d'astronautes et de cosmonautes ayant volé dans l'espace. Il me mettait en charge de convaincre et d'inviter les astronautes américains, et s'occupait pour sa part de leurs homologues soviétiques.

Ce fut une aventure hors du commun. Du fond du Vermont, depuis ma chambre universitaire, s'organisa un trafic international d'astronautes, ou plutôt depuis le téléphone à pièces au bout du couloir sur le palier car, bien sûr, les portables n'existaient pas à l'époque, et il n'y avait pas de téléphone fixe dans notre chambre, un luxe que mon colocataire Richard et moi-même n'avions pas jugé utile de nous offrir.

Ce fut donc à grand renfort de pièces de 25 *cents* que je me mis à contacter un par un les astronautes américains, après avoir débusqué leurs coordonnées, ce qui était déjà tout un jeu de piste. Mes voisins de couloir étaient quelque peu intrigués, répondant au téléphone commun du couloir et venant m'informer que le bureau de Buzz Aldrin ou d'Alan Shepard était en ligne.

Mes amis de couloir n'étaient pas les seuls à être intrigués. Je reçus un coup de fil d'un certain Frederick C. Durant, de Washington, qui désirait urgemment me rencontrer. Grand promoteur du programme spatial aux États-Unis, proche ami de Wernher von Braun et d'Arthur C. Clarke, il travaillait aussi, j'imagine, pour la CIA. Le gouvernement américain commençait à s'apercevoir qu'un grand nombre de ses astronautes disparaissaient en juin 1978…

Je pus rassurer le brave Frederick C. Durant autour d'un verre de cognac au très select Cosmos Club de Washington, après avoir débusqué à grand-peine pour l'occasion une veste et une cravate. Il faut dire qu'avec Albert Ducrocq on avait fait très fort. Pas moins de vingt astronautes américains avaient répondu favorablement à notre invitation, dont six qui avaient marché sur la Lune : Buzz Aldrin (Apollo 11), Alan Shepard et Edgar Mitchell (Apollo 14), David Scott et Jim Irwin (Apollo 15), et Charlie Duke (Apollo 16). Pour leur voyage, et cela avait certainement pesé lourd dans la balance, nous avions obtenu en partenariat avec Air France le vol transatlantique en Concorde, deux ans seulement après la mise en service de l'avion supersonique. Pour des astronautes pilotes d'essai, c'était une offre irrésistible, d'autant que j'avais fait en sorte que leurs épouses soient elles aussi invitées en France.

Le congrès « Espace et civilisation », étalé sur plusieurs jours, fut un succès, les pionniers de l'espace ayant grand plaisir à se retrouver, même entre Russes et Américains que la guerre froide divisait à l'époque. Entre passionnés de vol spatial, de telles frontières s'éclipsaient, surtout après quelques verres de vodka. Il y avait là l'équipage du dernier vol soviétique, revenu sur Terre depuis trois mois à peine : Oleg Makarov et Vladimir Djanibekov. J'apprendrai plus tard que Makarov aurait dû être le premier homme à voler autour de la Lune en 1968, mais les Soviétiques annulèrent la mission quelques jours avant l'échéance, le vol étant estimé trop risqué. Quant à Djanibekov, il revolerait quatre ans plus tard en 1982, pour accompagner dans l'espace le premier spationaute français : Jean-Loup Chrétien.

Tous les soirs, c'est l'Américain Alan Shepard qui me

rejoignait au bar, au dernier étage de notre hôtel, pour discuter – et boire – tard dans la nuit. Hélas, ce n'était pas des échanges sur la géologie de la Lune ou sur les cratères d'impact, car Shepard n'aimait pas la géologie. Il l'avait apprise, parce que ça faisait partie du job. Lui, c'était le pilote d'essai par excellence, premier Américain dans l'espace en 1961 au sommet d'un missile Redstone, puis chef du bureau des astronautes à Houston, avant de reprendre du service pour commander Apollo 14 et devenir le cinquième homme à marcher sur la Lune.

3. L'auteur avec Pete Conrad

L'auteur explique à l'astronaute Pete Conrad le pilotage d'un hélicoptère Alouette, lors du tournage de son film *Retour sur Terre*, 1991. (© Sirius Films.)

4. Charlie Duke et Plum crater (Apollo 16)

Cratère d'impact sur la Lune, exploré par l'astronaute Charlie Duke lors de la mission Apollo 16, 1972. (© NASA ; https://archive.org/details/HSF-photo-as16-114-18423)

Échantillons lunaires

Avec son copilote Edgard Mitchell, Alan Shepard avait eu pour mission, en février 1971, d'explorer les hautes terres de la Lune et de gravir la pente d'un cratère d'impact de 300 mètres de diamètre – Cone crater –, pour échantillonner les blocs rocheux, expulsés du sous-sol par ce « tir de mine » et retombés sur la lèvre du cratère[1].

Shepard et Mitchell parcoururent plus d'un kilomètre dans leurs encombrants scaphandres, perdant leur sens de l'orientation dans un dédale de rides et de vallons, mais parvenant finalement non loin de la crête du cratère, où ils purent échantillonner l'un des blocs expulsés du sous-sol : un pudding de fragments rocheux soudés ensemble par la chaleur d'une gigantesque collision, beaucoup plus tôt dans l'histoire de la Lune, qui avait creusé un bassin de plus de 1 000 kilomètres de large – la taille de la France – et projeté un manteau de débris sur pratiquement l'ensemble de la face visible de la Lune.

Tout le monde a eu l'opportunité, au moins une fois dans sa vie, de contempler la Lune à l'œil nu, voire de la détailler avec une paire de jumelles. De grandes taches sombres marquent sa surface, et chacun y voit un motif cher à son cœur ou à ses croyances : pour William Shakespeare, c'est un fagotier portant son fardeau ; dans la mythologie chinoise, c'est un lapin de jade, compagnon de la déesse Chang'e ; pour d'autres, c'est un visage énigmatique.

Ces grandes taches sont des bassins d'impact, assombris par des laves qui sont venues plus tard les remplir, bassins creusés au début de l'histoire du Système solaire, lorsque les

1. Au fil des milliards d'années, le bombardement constant de petites météorites laboure la surface de la Lune et la recouvre d'une poudre de roches concassées, appelée *régolithe*, qui fait office de sol. Épais de plusieurs mètres, il recouvre les roches mieux préservées qui intéressent les géologues : ces derniers comptent ainsi sur des impacts assez gros et récents, comme Cone crater, pour transpercer le sol et rejeter des échantillons rocheux en surface.

projectiles en orbite autour du Soleil étaient gros et nombreux. Le dernier impact majeur sur la face visible, qui a projeté le manteau de débris échantillonnés par Shepard et Mitchell, a créé la tache circulaire en haut à gauche du disque lunaire : le bassin *Imbrium*, mot latin signifiant « pluies » ou « larmes », car les premiers cartographes ont donné des noms d'humeurs – météorologiques ou humaines – aux taches de la Lune. D'autres bassins et leurs champs de lave ont pour noms mer des Crises, océan des Tempêtes, mer de la Tranquillité...

L'impact Imbrium a été colossal : 500 kilomètres à l'extérieur des remparts du bassin, le déluge de roches fracassées et à moitié fondues a drapé le site d'alunissage d'Apollo 14 d'une couche de débris de plus de 100 mètres d'épaisseur. Haletants et le cœur battant au terme de leur ascension, en retard sur leur plan de travail, et leurs réserves d'oxygène au plus bas, Shepard et Mitchell ont donc ramassé sur la crête de Cone crater une roche de la taille d'un ballon de rugby, que les astronautes baptisèrent sur-le-champ Big Bertha, en référence au légendaire canon de la Première Guerre mondiale. Cet obus de neuf kilogrammes, éjecté du distant bassin Imbrium, était un véritable trésor : non seulement il incorporait une panoplie de fragments de la croûte lunaire primitive, concassés et mélangés par l'impact géant mais, une fois rapatrié sur Terre, on pouvait dater cette collision majeure par radiochronologie : l'horloge que constitue la désintégration régulière d'atomes radioactifs dans la roche.

Ces précieux échantillons lunaires du programme Apollo, Big Bertha incluse, sont entreposés dans un laboratoire dédié, au centre spatial de Houston. En six missions, 382 kilogrammes de roches et de sol fin ont ainsi été décrits, catalogués et stockés dans de l'azote, afin de ne pas être détériorés par notre atmosphère oxydante, et distribués aux chercheurs du monde entier pour tout projet intéressant d'analyse, une fraction étant destinée en particulier aux universités et à leurs cours de planétologie.

C'est ainsi que j'ai eu l'occasion à plusieurs reprises d'obtenir des échantillons Apollo pour un cours que j'ai donné bien plus tard à Middlebury College, avec mon confrère Ray Coish, sur la géologie de la Lune. Nous recevions les roches lunaires discrètement par la poste – qui aurait pu deviner le trésor caché dans le petit paquet ? – et nous étions au devoir d'enfermer les échantillons chaque nuit dans un coffre-fort.

Le grand ravissement, pour un géologue, c'est d'admirer au microscope un échantillon de roche par transparence, après l'avoir tranché et poli jusqu'à ce qu'il ne mesure plus qu'un trentième de millimètre d'épaisseur. Une telle « lame mince » de roche laisse passer la lumière comme un vitrail, certains minéraux s'illuminant de couleurs chatoyantes, à l'image de l'olivine et du pyroxène, alors que le quartz est légèrement irisé et que le feldspath s'orne d'élégantes zébrures noir et blanc.

Avec nos étudiants, nous avons pu observer ainsi l'une des célèbres brèches d'Apollo 14 rapportées par Alan Shepard, forgée par le gigantesque impact Imbrium : un échantillon matriculé 14305, ramassé à une centaine de mètres du module lunaire. Son âge, c'est-à-dire celui du grand impact lui-même, avait été mesuré en laboratoire à 3,92 milliards d'années, c'est-à-dire environ 600 millions d'années après la naissance de la Lune et de la Terre. C'est un repère temporel important, l'avant-dernier de la vingtaine de très gros impacts qui ont ébranlé la Lune dans son enfance, et dont les cicatrices sont encore visibles. Seul le bassin Orientale de la face cachée est légèrement plus jeune, avec un âge estimé à 3,68 milliards d'années. C'est à partir de cette époque que les gros projectiles de plusieurs centaines de kilomètres qui croisaient la trajectoire de la Terre se sont taris, balayés de la scène par leurs collisions avec les planètes. Les petits projectiles restants n'ont plus creusé que des cratères d'une centaine de kilomètres de diamètre, comme Copernic au milieu de l'océan des Tempêtes, il y a 800 millions d'années, ou encore Tycho dans l'hémisphère Sud, il y a 100 millions d'années.

Si le spectacle vérolé de la Lune peut logiquement vous remplir d'effroi, au vu du bombardement que cela représente, préparez-vous à un choc supplémentaire, lorsque vous considérez la Terre : notre planète a été bombardée vingt fois plus que la Lune. D'abord parce qu'elle a une superficie seize fois plus grande que notre satellite, elle intercepte donc seize fois plus de projectiles. Ajoutez à cela la gravité plus forte de la Terre, qui infléchit vers elle une proportion d'objets légèrement supérieure, et vous obtenez ce ratio de vingt buts à un.

Cela vaut pour les gros astéroïdes en particulier. Alors que le bassin Orientale marque le dernier grand cataclysme à secouer la Lune, il y a 3,68 milliards d'années, la probabilité est grande que la Terre ait subi deux ou trois gros impacts encore plus tardifs. Même si l'érosion a nivelé leurs bassins, il se peut qu'ils aient laissé leur trace dans les sédiments de l'époque. C'est ainsi que les planétologues interprètent plusieurs couches de sphérules, semblables aux retombées d'un grand impact, dans les sédiments d'Afrique du Sud, vieux de 3,4 à 3,2 milliards d'années. Cette interprétation reste controversée mais, personnellement, je la soutiens[1]. Elle a toutes sortes d'implications

1. Source *Air et Cosmos*.

majeures, par exemple que la fragmentation de la croûte terrestre par de tels impacts et le brassage résultant du manteau sous-jacent ont très bien pu mettre en marche le ballet de la tectonique des plaques et la dérive des continents.

Un autre exercice de pensée fascinant est de rembobiner le film et d'imaginer les terrifiants débuts d'un tel bombardement. C'est ce qu'a fait le planétologue américain William K. Hartmann, en élaborant un scénario qui a révolutionné notre vision du couple Terre-Lune et de nos origines.

Bill Hartmann, détective

J'ai fait la rencontre de William Hartmann – Bill pour les intimes – au début des années 90, lors d'un congrès de planétologie au centre spatial de Houston. J'avais beaucoup entendu parler de lui, et, vu que ses premiers travaux remontaient au début de l'ère spatiale, je m'attendais à trouver un auguste professeur à la retraite.

Pas du tout ! Il avait soixante ans à peine et en paraissait bien moins. Bill Hartmann avait poursuivi son doctorat au début des années 60, à Tucson en Arizona, et avait vingt-cinq ans quand la sonde automatique *Ranger* 7 avait pris les premières photographies en gros plan de la surface lunaire. Dans la foulée, il avait participé à toute l'histoire de la conquête spatiale, devenant membre notamment de l'équipe de Mariner 9 qui révolutionna nos connaissances de Mars en 1971, et rejoignant trente ans plus tard celle de Mars Global Surveyor, à l'aube des années 2000.

Comme le congrès de planétologie de Houston se répétait tous les ans au milieu du mois de mars, la semaine de mon anniversaire, je ne sais pas combien d'anniversaires j'ai passés avec Bill Hartmann – il arrive certainement en deuxième position après mon épouse – dans un restaurant mexicain, à siroter des margaritas et à parler de planétologie, mais aussi de cinéma, Bill adorant les films français. Il vouait une grande admiration à l'actrice Juliette Binoche et me demandait toujours de ses nouvelles, que j'inventais sur-le-champ, comme si je la connaissais bien : c'était devenu un jeu entre nous. J'aurais bien voulu surprendre Bill un jour, en arrivant au restaurant au bras de Juliette…

En parallèle, ou plutôt en complément de la planétologie, Bill Hartmann est un artiste. Petit-fils de peintre, fils d'ingénieur, il a toujours mis en avant la première règle de la science : l'observation. Au fil de ses voyages, il n'a cessé de peindre les paysages terrestres, tout comme il l'a fait également pour les paysages de la Lune et de Mars : de nombreux livres et magazines ont reproduit ses tableaux.

Ce sens de l'observation et cette rigueur lui ont valu quelques missions inhabituelles, comme d'être appelé à siéger en 1966, à l'âge de vingt-sept ans, sur le comité Condon d'enquête sur les Ovnis – soucoupes volantes et autres objets volants non identifiés –, comité organisé par l'US Air Force et l'université du Colorado. En tant que spécialiste de l'image, il s'est penché sur les nombreuses photographies recueillies par les « témoins » : il les trouva toutes peu convaincantes ; seule l'une d'entre elles lui laissa un léger doute, montrant une soucoupe suspendue au-dessus d'une ferme, bien que le détective soulignât sa position sous des câbles téléphoniques, auxquels une maquette, par exemple un rétroviseur de camion en forme de soucoupe – le vieux modèle de l'époque, en forme de cloche –, aurait très bien pu être accrochée.

Plus inhabituelle encore fut la mission que lui assigna dix ans plus tard, en 1976, le comité d'enquête de la Chambre des représentants sur l'assassinat du président John F. Kennedy. Nombre de conclusions de la première commission Warren sur le sujet, en 1964, étaient restées douteuses. Le nouveau comité lança des analyses supplémentaires, demandant notamment au planétologue d'analyser le célèbre film amateur de l'assassinat, tourné en 8 millimètres muet par le spectateur Abraham Zapruder à Dallas, le 22 novembre 1963. Hartmann analysa le film image par image, afin d'identifier tout sursaut du caméraman – un léger flou – qui indiquerait les moments où des coups de feu l'auraient ébranlé. Bill identifia au moins deux sursauts, correspondant aux détonations enregistrées en audio et aux impacts visibles sur Kennedy et sur le gouverneur Connally assis devant lui. Il nota aussi d'autres secousses du caméraman, dont l'une pourrait correspondre à une éventuelle troisième balle tirée par Oswald ou par un autre assassin.

Ce n'est pas de l'assassinat de John Kennedy ou d'invasion d'Ovnis que je veux vous parler ici, mais des intuitions et déductions de Bill Hartmann dans son domaine de prédilection – les impacts cosmiques – qui ont révélé le passé tourmenté de la Terre et de la Lune, et même leur surprenante origine.

La Terre fracassée

Bill Hartmann a suivi un cursus universitaire qui lui a permis d'étudier à la fois la géologie et l'astronomie : les paysages de la Terre et de la Lune, et la population des astéroïdes et des comètes dans le Système solaire. Il avait tôt établi que la proportion de cratères de différentes tailles sur la Lune – grands, moyens et petits – suivait la même courbe que la répartition en taille des astéroïdes, prouvant le lien entre eux, et que les cratères lunaires étaient des frappes d'astéroïdes, et non des caldeiras volcaniques, dont la répartition des tailles, en tout cas sur Terre, ne suivait pas du tout la même courbe sur un graphique.

Bill Hartmann avait surtout pris conscience de très gros impacts qui avaient affecté la Lune et dont les bassins avaient échappé jusqu'alors à la perspicacité des planétologues. C'est ainsi qu'il confirma en 1962, sur la foi de photographies au télescope prises depuis la Terre, une structure annulaire en forme de cible, large de 1 000 kilomètres, dont seule une petite partie émergeait sur la face visible de la Lune, côté gauche. Ce bassin baptisé Orientale, à triple couronne de remparts, résulte du dernier grand impact à avoir frappé la Lune.

Mais là où Hartmann s'est particulièrement distingué, c'est en remontant le temps, au-delà des bassins visibles de la Lune, pour imaginer les conditions extrêmement violentes qui ont sévi au tout début de l'histoire du Système solaire.

Les planètes se sont formées à partir de gaz et de poussières minérales tournoyant autour du Soleil naissant, il y a 4,56 milliards d'années – date obtenue grâce à l'analyse des météorites qui sont des échantillons de cette matière primitive. La Terre, comme les autres planètes, serait née par accumulation progressive de cette matière, un peu comme une barbe à papa accumule des filaments de sucre cristallisé lorsqu'elle fait le tour du chaudron.

Bill Hartmann et son confrère Ron Davies ont créé au début des années 70 un programme informatique simulant la croissance de toutes ces boules de matière au cours des premiers millions d'années du Système solaire. Surprise : dans chaque zone où se formait une planète, le programme révélait d'autres corps à peine moins gros qui se développaient en parallèle sur la même orbite, avant d'être rattrapés, percutés et engloutis par l'ogre central. Dans l'escadrille de corps qui accompagnaient la Terre naissante, le second objet le plus gros aurait ainsi pu atteindre la taille de Mars – plus de 5 000 kilomètres de diamètre – avant d'entrer en collision avec notre planète et de s'agglomérer avec elle. Hartmann et Davies comprirent qu'au passage une telle collision aurait pu éjecter un anneau de matière autour de la Terre, se condensant pour former la Lune.

La proposition de Hartmann et Davies, publiée en 1975, fit l'effet d'une bombe. Elle apportait enfin une réponse à l'énigme de l'origine de notre satellite. Les planétologues hésitaient à l'époque entre trois hypothèses : soit la Lune s'était formée à partir du même nuage de matière que la Terre, à la manière de deux sœurs jumelles ; soit elle s'était détachée de la Terre naissante, expulsée par la force centrifuge de notre planète qui tournait très vite sur elle-même ; soit elle était née autre part dans le Système solaire et aurait vagabondé jusqu'à se faire kidnapper par le champ de gravité de la Terre, comme un veau se fait attraper au lasso par un cow-boy.

Chaque thèse avait ses partisans et ses détracteurs, ses avantages et ses inconvénients, et la petite communauté de planétologues comptait sur les échantillons lunaires des vols Apollo pour trancher la question. Mais, au contraire, ce fut la débandade : à la lumière des échantillons rapportés, rien ne collait plus. L'hypothèse d'une Lune venue d'ailleurs, capturée au lasso, outre le fait qu'elle était improbable d'un point de vue statistique, était rejetée au vu de la composition isotopique des échantillons lunaires (le nombre de neutrons par atome), pratiquement identique à celle des roches terrestres. Si la Lune était venue d'une autre région du Système solaire, la composition isotopique de ses atomes aurait été différente de celle des atomes terrestres[1].

Les proportions des différents éléments entre eux, en revanche, comme le pourcentage de fer et de soufre, de sodium et de titane, étaient distinctes entre la Terre et la Lune. Du coup, les deux mondes n'étaient pas issus du même nuage de matière, comme dans la thèse des sœurs jumelles, ni par expulsion de la Lune hors de la Terre, comme dans la thèse de la force centrifuge. À la lumière des échantillons lunaires, aucun des trois scénarios ne tenait la route : les planétologues étaient perplexes.

Bill Hartmann et Ron Davies ont donc avancé une quatrième solution, en évoquant une collision entre planètes naissantes. J'utilise souvent dans mes cours l'analogie de deux œufs crus que l'on fracasse l'un contre l'autre : imaginez que les deux jaunes s'agglutinent en un seul et qu'une gerbe d'albumine est éjectée en périphérie. Dans notre cas planétaire, le

1. Chaque élément, comme l'oxygène, le zinc ou le fer, se présente en différentes variétés ou isotopes qui diffèrent selon le nombre de neutrons dans le noyau : oxygène-16, oxygène-17 et oxygène-18, par exemple. Leurs proportions sont fonction de la distance au Soleil, la chaleur de l'étoile ayant fait le tri et partagé différemment les isotopes en fonction de cette distance et de la température du « brouet ». Ainsi, les proportions d'isotopes que l'on trouve dans les roches terrestres ne sont pas les mêmes que celles que l'on trouve dans les roches martiennes. En revanche, celles des roches terrestres et lunaires sont indissociables.

rôle des jaunes d'œuf est joué par les noyaux de fer des deux mondes en collision qui fusionnent en un seul, alors que la gerbe d'albumine (avec un petit reste de jaune d'œuf) représente la matière vaporisée qui donne naissance à la Lune.

Du coup, tout s'explique : le noyau de fer surdimensionné de la Terre par rapport à celui de la Lune ; la même signature isotopique pour les deux astres, car leur matière est bien mixée lors de l'impact ; et la pauvreté de la Lune en éléments volatils – cinq fois moins de sodium et de potassium que la Terre – parce que vaporisés en gaz surchauffés, ils n'ont pas été retenus par la faible gravité de la Lune naissante, alors que la forte attraction gravitationnelle de la Terre y est parvenue de son côté. En sus, une telle collision explique le moment cinétique élevé du couple Terre-Lune, c'est-à-dire la quantité d'énergie emmagasinée dans leur rotation et dans le mouvement orbital de la Lune.

Dans le détail, les spécialistes chipotent quant à la taille de la planète qui a frappé la Terre naissante – grosse comme Mars ou plus grosse encore – et si la collision a eu lieu de plein fouet, ou de manière oblique, l'impacteur labourant la Terre une première fois, avant de faire un looping et de revenir s'y écraser. De même, l'évolution de la matière éjectée – la cascade d'événements qui a formé la Lune – reste âprement discutée.

Il est difficile de se représenter la violence d'un tel choc. Les calculs indiquent que la vitesse d'impact était de l'ordre de dix kilomètres par seconde, et même à cette vitesse, la planète impactante a pris plusieurs dizaines de minutes pour labourer la Terre de part en part, la transformant en une marmite incandescente et bouillonnante, pilonnée par des trombes de matière retombant du ciel.

Le résultat final ? Un océan de magma à la surface de la Terre, profond d'un bon millier de kilomètres, qui a pris des millions d'années pour se refroidir et pour développer une croûte solide en surface. A-t-on des preuves de cet océan de magma sur Terre ? Hélas non, car la vigoureuse et incessante activité de notre planète, avec ses courants de convection qui ont brassé son manteau minéral et digéré sa croûte primitive, en a effacé toute trace.

Cela étant, on peut appeler la Lune comme témoin à la barre. Ses roches n'ont pas été autant recyclées que celles de la Terre, et elles ont gardé la marque de cet océan de magma primitif : à mesure que ce dernier se refroidissait et que des cristaux s'y formaient, les plus lourds et les plus denses ont coulé au fond, alors qu'une mousse de cristaux légers s'est accumulée en surface. Le chaudron de roches fondues devait mesurer un bon millier de kilomètres de profondeur d'après les calculs, et aurait pris environ 100 millions d'années pour se refroidir et former une croûte solide en surface, d'après l'âge des derniers minéraux – des zircons – à s'être cristallisés.

Terre comme Lune ont donc connu une très chaude jeunesse. On date l'impact géant à 4,517 milliards d'années, soit une cinquantaine de millions d'années après la naissance du Soleil et de ses embryons planétaires. Par la suite, des corps moins gros n'ont cessé de pilonner la Terre et la Lune durant encore un bon demi-milliard d'années, leurs bassins d'impact et leurs lacs de lave constamment pulvérisés par les impacts suivants, de sorte qu'il est difficile, sinon impossible, d'en reconstituer l'histoire détaillée. Il y a quatre milliards d'années, toutefois, lorsque les gros projectiles ont diminué considérablement, les derniers grands bassins – une vingtaine sur la Lune – ont commencé à survivre, au point d'être encore décelables aujourd'hui.

Finalement, après les derniers impacts Imbrium et Orientale sur la Lune, il y a 3,92 et 3,68 milliards d'années, et quelques dernières frappes sur Terre, le grand combat a cessé, faute de combattants. Il n'est plus resté qu'une escadrille de petits projectiles, faisant seulement de quelques kilomètres à quelques dizaines de kilomètres, croisant de temps en temps notre trajectoire. Si leurs impacts ne peuvent plus changer le visage de la Terre, nous allons voir qu'ils peuvent en revanche massacrer la biosphère et mettre à bas la civilisation humaine.

2

Le massacre des dinosaures

Malgré le témoignage spectaculaire des impacts que nous offre la Lune, je m'en souciais peu en étudiant la planétologie, les reléguant au rang d'épiphénomènes, et les trouvant même dérangeants par rapport à l'ordre harmonieux que dégage une planète comme la Terre. Ma spécialisation était la tectonique des plaques, une révolution en géologie qui retenait toute mon attention.

Cette théorie expliquait en une merveilleuse synthèse le fonctionnement de la Terre. L'intérieur du globe, qui est resté très chaud à l'inverse de corps plus petits comme la Lune, flue en grandes boucles de convection pour évacuer la chaleur en surface. Les courants ascendants débouchent au centre des bassins océaniques, alimentant un volcanisme sous-marin de très grande ampleur. L'épaisse croûte basaltique nouvellement formée le long de ces rides volcaniques, appelées *dorsales*, s'écarte de chaque côté pour faire place à de nouvelles tranches de magma. Quant aux extrémités de ces plaques en expansion, elles finissent par se refroidir et se contracter, devenant si denses qu'elles plongent pour se refondre en profondeur dans le manteau terrestre, à grand renfort de tremblements de terre : la boucle est bouclée.

Ce ballet se déroule à une allure de sénateur : courants

de convection en profondeur et expansion horizontale en surface sont de l'ordre de quelques centimètres par an en moyenne. C'est suffisant pour qu'un océan grandisse de plusieurs dizaines de kilomètres par million d'années : l'océan Atlantique nord a commencé son expansion il y a une soixantaine de millions d'années, pour mesurer aujourd'hui plus de 3 000 kilomètres de large. Ailleurs, c'est le contraire : quand la plaque océanique plonge pour disparaître dans le manteau terrestre plus vite qu'elle ne se forme aux dorsales, l'océan rétrécit et peut même disparaître complètement, amenant en contact les continents de chaque côté, et soulevant leurs sédiments pris en étau en une chaîne de montagnes.

Car il ne faut pas oublier les continents : ces masses de roche insubmersibles qui se sont bâties à coups de plâtrages successifs de roche siliceuse, au cours de milliards d'années d'éruptions volcaniques. Alors que les bassins océaniques, qui occupent deux tiers de la surface terrestre, se renouvellent constamment – aucun fond océanique n'est plus ancien que 200 millions d'années –, les continents sont permanents. Cela étant, ils peuvent être déchirés en fragments par des rifts volcaniques, là où naissent alors de nouveaux océans, ou se télescoper pour s'assembler en de nouveaux motifs.

Pour l'étudiant que j'étais, c'était fascinant. Dans le Vermont et au Québec, les Appalaches que je parcourais avec mes professeurs témoignaient de la collision d'une cordillère d'îles volcaniques avec l'Amérique du Nord, il y a 480 millions d'années : j'avais écrit mon mémoire sur le sujet[1].

1. Clague D., Frankel C. et Eaby J.S., « The age and origin of felsic intrusions on the Thetford Mines ophiolite », Québec, *Canadian Journal of Earth Science*, n° 22, 1985, p. 1257-1261.

Encore plus fascinantes étaient les implications de ce ballet incessant des continents, par rapport à l'évolution de la vie sur Terre. C'est d'ailleurs cet aspect de la question qui avait mené à la découverte de la dérive des continents et de la tectonique des plaques, il y a plus d'un siècle. Dès les années 1910, le météorologue et géologue allemand Alfred Wegener avait noté que, non seulement les lignes de côte de l'Amérique du Sud et de l'Afrique s'emboîtaient parfaitement comme les pièces d'un puzzle, mais que leurs roches anciennes contenaient les fossiles des mêmes espèces de plantes et d'animaux, comme le reptile *Cynognathus* (qui ressemblait à un blaireau), le reptile d'eau douce *Mesosaurus*, ou la fougère *Glossopteris*. Ce n'était possible que si les deux continents étaient soudés ensemble à l'époque, il y a près de 300 millions d'années, permettant aux mêmes formes de vie de s'y épanouir. En revanche, après cette date, le cordon généalogique – ou *phylogénique* comme le disent les spécialistes – était rompu, et sur leurs radeaux désormais séparés par des océans les espèces avaient évolué séparément et étaient devenues différentes d'un continent à l'autre.

En fait, plus on morcelait les continents, plus on pouvait multiplier les branches d'espèces vivantes. Ce jumelage entre la tectonique des plaques et l'évolution avait piqué ma curiosité d'étudiant, alors que je bouclais mon cursus universitaire à la fin des années 70. J'en étais arrivé à la question suivante : la remarquable ascension du genre humain en Afrique de l'Est au cours des cinq derniers millions d'années avait-elle profité elle-même de la tectonique des plaques ? Le bipédisme, en particulier, qui allait mener à une intelligence accrue chez nos ancêtres, s'était-il développé en réponse à l'émergence d'un rift et aux changements climatiques que celle-ci aurait induits ?

East Side Story

L'idée que la bipédie du genre humain découlait d'une transition chez nos ancêtres d'une vie arboricole à une vie au sol n'était pas nouvelle : Jean-Baptiste de Lamarck l'avait suggérée dès 1809, et Charles Darwin l'avait reprise en 1871. Ce que la tectonique des plaques apportait de nouveau et d'important, c'était le mécanisme qui avait amené le genre humain à mettre pied à terre.

Pour moi, le scénario était le suivant : l'élévation des bordures du Rift est-africain, en contrecoup à l'abaissement du bassin central, aurait intercepté et changé le régime des vents, conduisant à un asséchement du flanc oriental et y faisant reculer la forêt au profit d'une savane ouverte.

J'en étais là dans mes réflexions, lorsque mon infatigable mentor Albert Ducrocq me demanda de participer à un symposium sur le thème de la vie dans l'Univers, qui allait se tenir à Paris au siège de l'Unesco, du 19 au 21 novembre 1979. L'une des trois rubriques abordées serait l'émergence de l'intelligence : y participeraient les astronomes Frank Drake et Jill Tarter, pionniers du programme SETI de la recherche radio des intelligences extraterrestres ; le paléontologue Dale Russell, qui présenterait son point de vue sur l'intelligence des dinosaures ; et l'anthropologue Bernard Campbell, de la fondation Louis Leakey, qui aborderait l'évolution des outils mis au point par les hominidés. Quant à moi, j'étais invité à présenter mon scénario de l'influence du Rift est-africain sur le développement de la bipédie et de l'intelligence humaine.

Ce scénario était le suivant, tel que je le présentai à l'Unesco le 21 novembre 1979, et que je publiai l'année suivante dans mon livre *Quatre milliards d'années d'histoire de la Terre*[1] :

> Pour que la branche humaine se développe, il fallait un bouleversement, un changement de décor qui mette les primates arboricoles en péril et que l'évolution animale ne pouvait contrer qu'en élaborant une nouvelle créature, beaucoup mieux adaptée : l'homme. [...] Justement, il y eut en Afrique un changement de décor radical, survenu au cours des derniers millions d'années : la création du Grand Rift. Avec ses tremblements de terre et ses éruptions volcaniques, la déchirure de la croûte africaine entraîna un bouleversement complet du relief, du climat et de la végétation. Les mouvements tectoniques amenèrent la fosse centrale à s'effondrer et leurs remparts à grimper vers le ciel ; les crêtes qui s'étaient ainsi formées plongèrent leurs versants orientaux dans l'ombre des nuages.
>
> L'opération ne se fit pas du jour au lendemain : au contraire, le changement du paysage fut progressif et les animaux eurent le temps de s'y adapter. Finies les grandes forêts tropicales qui s'étendaient à perte de vue. Les changements d'altitude et de précipitations entraînèrent leur déclin : à leur place s'installèrent les savanes. Drôle de surprise pour les primates qui voyaient leurs forêts diminuer en superficie comme une peau de chagrin : bientôt il n'y avait plus assez de place dans les arbres et la nourriture s'y faisait rare. Les voilà contraints à descendre de leurs perchoirs et à parcourir les savanes. Sans doute parce que les hautes herbes leur coupaient la vue, ces ancêtres de l'homme adoptèrent la position debout pour mieux

1. Frankel C., *Quatre milliards d'années d'histoire de la Terre*, Éditions De Vecchi, Paris, 1980, p. 151-152.

> voir leurs ennemis et chercher leur nourriture. […] Stimulé par tous ces nouveaux développements, le cerveau des bipèdes se développa à un rythme extraordinaire : il y a trois millions d'années, le genre humain voyait le jour et construisait les premiers outils.

En retournant m'asseoir, je compris bien vite que ma communication avait secoué le cocotier, pour ainsi dire. L'anthropologue Yves Coppens, qui siégeait sur l'estrade avec les autres invités de marque, prit la parole pour exprimer son scepticisme envers cette nouvelle théorie. Un scepticisme bien normal : les spécialistes n'aiment pas que la solution à une énigme vienne d'une personne étrangère à leur champ de recherche – d'autant plus s'il s'agit d'un simple étudiant. Cela étant, il ne fallut pas longtemps à Yves Coppens pour être conquis par le concept, puisqu'il le popularisa deux ans plus tard sous le joli nom d'East Side Story.

J'en profite pour faire le point sur cette théorie. Personnellement, je n'y ai pas contribué davantage : ce n'était pas ma spécialité. Lorsque Albert Ducrocq m'apprit, deux ans après le symposium de 1979, qu'Yves Coppens défendait désormais le scénario, j'étais plutôt amusé, voire flatté, et j'ai toujours gardé un œil sur les progrès de l'enquête.

Au début des années 2000, la découverte au Tchad d'un crâne d'hominidé vieux de sept millions d'années, *Sahelanthropus tchadensis* ou Toumaï pour les intimes, jeta un doute sur le développement de la bipédie dans le rift car, d'après l'étude du crâne et de son trou occipital, l'espèce en question semblait bipède, et il avait été trouvé plus de 2 000 kilomètres à l'*ouest* du rift. J'ai été assez étonné qu'Yves Coppens baisse pavillon dès 2003, écrivant dans la revue *La Recherche* que « L'East Side Story n'existe plus », admettant que les théories n'ont qu'un temps, et que son scénario n'avait plus cours[1]. Je ne suis pas anthropologue, mais au vu des articles de recherche que j'ai pu lire, il n'est pas du tout certain que Toumaï ait été bipède. En particulier, un fossile d'avant-bras trouvé près du crâne prouverait plutôt que l'hominidé en question posait les mains au sol en marchant, comme un chimpanzé, et ne vivait pas redressé[2]. Et même s'il avait été quelque peu bipède – la bipédie peut certes s'être développée en plusieurs endroits à la fois du continent africain –, sa lignée semble s'être arrêtée là.

En revanche, l'adoption de la bipédie et l'émergence de la lignée humaine sont plus que jamais circonscrites au versant oriental du Grand Rift est-africain. Le scénario a même progressé de manière spectaculaire ces dernières années, ce qui peut laisser des regrets à ceux qui lui ont tourné le dos prématurément. Je reprends ci-dessous les paragraphes que j'ai écrits à ce sujet dans l'un de mes livres :

> Les anthropologues René Bobe et Anna Behrensmeyer ont notamment établi que, plus encore que le changement général du climat lors de la mise en place du rift, ce sont ses oscillations périodiques qui ont influencé l'évolution humaine : pas le changement climatique tout court, mais la répétition des changements.
>
> En étudiant les sédiments lacustres du bassin de Turkana, à la frontière de l'Éthiopie et du Kenya, ils notent une importante

1. *La Recherche*, n° 361, février 2003.

2. Meyer M.R. *et al.*, « Knuckle-walking in Sahelanthropus ? Locomotor inferences from the ulnae of fossil hominins and other hominoids », *Journal of Human Evolution*, n° 179, juin 2023.

inflexion climatique entre 2,8 et 2,6 millions d'années, la faune et la flore fossiles indiquant un déclin des forêts tropicales et leur remplacement par des bois variés et morcelés. C'est à cette époque précisément qu'apparaît le *Paranthrope*, australopithèque robuste qui est résolument bipède mais qui ne mènera pas, *in fine*, au genre humain[1].

Mieux encore : l'anthropologue Brian Villmoare et ses confrères ont annoncé en mars 2015 la découverte dans les Afars d'Éthiopie d'une mandibule fossile vieille de 2,8 millions d'années, qui semble représenter une espèce transitoire entre l'australopithèque et le genre humain : le fossile est associé à des restes d'autres mammifères qui pointent résolument vers un environnement plus ouvert et plus aride[2].

Dans la foulée (si l'on peut dire, pour nos apprentis bipèdes), c'est lors du bouleversement suivant de l'écosystème, entre 2,4 et 2,2 millions d'années, lorsqu'on constate une nette expansion de la savane au détriment de la forêt, qu'émerge le genre humain au sens strict, *Homo habilis*, il y a 2,33 millions d'années. Sa boîte crânienne avoisine 600 centimètres cubes (alors que l'australopithèque Lucy, un million d'années auparavant, plafonnait à 400 centimètres cubes), et on lui attribue les premiers outils trouvés dans les sédiments du même âge : des galets grossièrement taillés sur une face, apparemment conçus pour dépecer le gibier.

1. Bobe R. et Behrensmeyer A. K., « The expansion of grassland ecosystems in Africa in relation to mammalian evolution and the origin of the genus *Homo* », *Palaeogeography*, *Palaeoclimatology*, *Palaeoecology*, n° 207, 2004, p. 399-420.

2. Villmoare B. *et al.*, « Early Homo at 2.8 Ma from Ledi-Geraru, Afar, Ethiopia », *Science*, n° 347, 2015, p. 1352-1355.

À la révolution suivante de l'écosystème, il y a 2 à 1,8 million d'années, lorsque la savane devient prépondérante comme l'attestent les fossiles de nombreux herbivores qui lui sont adaptés, *Homo erectus* fait son apparition, avec une boîte crânienne entre 750 et 1 000 centimètres cubes, les premiers outils bifaces alliant efficacité et esthétique, et de longues jambes faites pour arpenter les grands espaces.

Il se confirme donc que les principales étapes de l'évolution humaine sont synchrones avec les variations climatiques régionales qui ont affecté le Grand Rift est-africain : une relation de cause à effet apparaît de plus en plus probable[1].

Une histoire captivante, et qui n'a pas fini d'évoluer. Mais quel rapport entre ce symposium et les impacts d'astéroïdes, me direz-vous ? Aucun, à première vue.

Toutefois, à y regarder de plus près, ce symposium de l'Unesco illustre un processus particulièrement important en science, et dans le monde des idées en général : c'est au croisement des disciplines, plutôt qu'au cœur de leurs sujets, que des avancées majeures peuvent se dessiner. Un étudiant de géologie peut apporter un éclairage nouveau à des anthropologues, tout comme un chimiste peut donner des idées à un astronome, ou un biologiste à un climatologue. La talentueuse radioastronome Jill Tarter, présente au symposium et qui allait devenir célèbre en prenant la direction du programme SETI, ne voyait pas les choses autrement : quel dommage, me confia-t-elle autour d'une bouteille de beaujolais nouveau, que trois jours durant, les chercheurs avaient été cloisonnés dans

1. Ces paragraphes sont reproduits de mon livre précédent, *Extinctions. Du dinosaure à l'homme*, Seuil, 2016, p. 105-106.

des groupes de travail par spécialité, et que seule la dernière session plénière avait permis ce brassage d'idées interdisciplinaire, quand j'avais pris la parole. Or, l'une de ces idées, présentée par le paléontologue Dale Russell, allait justement attirer mon attention.

Des dinosaures pas si bêtes

Dale Russell était un spécialiste des dinosaures nord-américains. Il s'était notamment distingué en étudiant les bipèdes carnivores qui allaient inspirer le romancier Michael Crichton et semer la panique dans *Jurassic Park*, en se montrant malins et dangereux. Car c'est bien ce que le paléontologue nous présenta ce soir-là à Paris : l'évolution de l'intelligence au sein de certaines familles de dinosaures au fil du temps. C'est ce qu'indiquait en tout cas le rapport entre le poids estimé du cerveau et le poids du corps, en hausse chez les petits dinosaures carnivores de la fin du crétacé. Pour le poids du cerveau, Dale Russell se basait sur le moule que représentait l'intérieur de la boîte crânienne chez les fossiles les mieux préservés. Au terme d'une formule un peu alambiquée, qui prend en compte la moyenne pour les autres animaux d'un même groupe, on en tire un nombre appelé quotient d'encéphalisation ou « QE ». Pour les espèces actuelles, par exemple, sa valeur est de 2,5 pour le chimpanzé, 5,3 pour le dauphin et le corbeau, et 7,5 pour l'espèce humaine – des valeurs censées représenter une échelle d'intelligence.

Pour les fossiles de dinosaures, les mesures du QE ne sont pas directement comparables avec celles des animaux actuels, mais ce que Dale Russell avait découvert, c'est que l'un des derniers dinosaures du crétacé, *Stenonychosaurus*, avait un quotient d'encéphalisation six fois supérieur à celui de la plupart des autres dinosaures qui l'avaient précédé.

Russell était très impressionné par cette espèce particulière, qui avait vécu il y a 75 millions d'années environ dans l'Alberta et le Montana. L'animal avait dû peser une cinquantaine de kilogrammes pour un mètre de hauteur, avec de longs membres adaptés à la course et une posture bipède, sa longue queue lui servant de balancier. Ses pattes antérieures étaient libres pour saisir des objets, Russell croyant discerner que, comme chez les primates, l'un des trois doigts était opposable aux deux autres (ce qui se révéla toutefois erroné). Enfin, le reptile avait de grands yeux tournés vers l'avant, ce qui devait lui donner une vision stéréoscopique.

En bref, Dale Russell pensait que le sténonychosaure représentait une direction évolutive chez les dinosaures, qui allait mener à des espèces de plus en plus intelligentes, si cette évolution n'avait pas été prématurément interrompue par l'extinction de tout le groupe (hormis une branche qui allait donner naissance aux oiseaux), à la fin du crétacé, il y a 66 millions d'années. Le paléontologue en était tellement convaincu qu'il s'était livré à une expérience de pensée, imaginant ce que ces dinosaures seraient devenus, s'ils ne s'étaient pas éteints : ils n'auraient laissé aucune chance à l'éclosion du genre humain, et présenteraient aujourd'hui le journal télévisé à sa place.

Pour l'illustrer, Dale Russell s'associa au taxidermiste et artiste Ron Seguin pour créer un « dinosauroïde » aux traits mi-sauriens, mi-humains, de couleur verte comme il se doit – la couleur communément attribuée aux reptiles dans les magazines de science-fiction – et à la posture résolument bipède. Le modèle, aujourd'hui exposé dans plusieurs musées, fit même la une du *National Enquirer*, le plus grand magazine américain de presse people.

Au-delà de cette projection futuriste et quelque peu fantaisiste, Dale Russell voulait faire passer le message suivant : les dinosaures n'étaient pas de grosses bêtes stupides, vouées à une disparition inévitable parce que trop primitives, incapables d'évoluer et dépassées par nos brillants ancêtres mammifères. En particulier, il ne croyait pas à la vieille rengaine que leur famille avait décliné progressivement sur des millions d'années, leurs espèces disparaissant une par une jusqu'au rideau final. Pour lui, le nombre et la variété des dinosaures étaient restés très élevés jusqu'au dernier moment, leur disparition ayant été aussi brève que brutale.

Les dinosaures ne m'intéressaient pas plus que ça, mais, au terme de nos présentations respectives, nous avons échangé sur le sujet dans les couloirs de l'Unesco, et Dale Russell me remit un petit dossier qu'il avait concocté, avec en couverture un dinosaure tourné vers le ciel où brillait une étoile menaçante. Convaincu que la disparition de ses reptiles chéris avait été catastrophique, et peinant à trouver une explication terrestre, Russell penchait depuis plusieurs années pour une cause… extraterrestre.

De nouveau, il faut souligner ici l'avantage d'être interdisciplinaire et de prêter un œil à ce qui se passe en dehors de son domaine de prédilection et de sa zone de confort. Russell suivait de près les découvertes en astronomie, notamment les explosions d'étoiles : les supernovas. Il avait émis l'hypothèse qu'une déflagration de rayonnements nocifs

– rayons X et rayons gamma – en provenance d'une supernova proche du Système solaire aurait irradié la haute atmosphère et bouleversé le climat terrestre, entraînant le crash des espèces vivantes. C'était l'hypothèse qu'il venait de me remettre dans son dossier.

L'autre avantage que lui donnait son ouverture d'esprit était d'avoir pris conscience de l'effondrement catastrophique à la fin du crétacé, non seulement des dinosaures, mais aussi des grands reptiles marins – plésiosaures et mosasaures – ainsi que des mollusques et même du plancton. Au début des années 70, il avait même organisé plusieurs colloques sur le sujet. Peu de chercheurs se rendaient compte à l'époque que quelque chose d'extraordinaire avait touché tous les écosystèmes à la fin du crétacé, aussi bien terrestres que marins.

Avec le recul, on pourrait s'étonner que Russell n'ait pas pensé à l'impact d'un astéroïde parmi ses hypothèses de destruction massive. Cela ne m'était pas venu non plus à l'esprit. Personne n'imaginait à l'époque qu'un impact quelque part sur Terre aurait pu affecter la planète entière. Personne ou presque. Car en ce mois de novembre 1979, une équipe de géologues et de physiciens en Californie se penchait sur cette question précise.

Réponse au fond des mers

Six mois seulement après le colloque de l'Unesco, le 6 juin 1980, un article fracassant paraissait dans la revue américaine *Science*, écrit par Luis Alvarez, Walter Alvarez, Frank Asaro et Helen Michel. Son titre : « Extraterrestrial cause for the

Cretaceous-Tertiary extinction », « Une cause extraterrestre pour l'extinction crétacé/tertiaire[1] ».

Luis Alvarez, 69 ans à l'époque, était Prix Nobel de Physique. Walter Alvarez, son fils, 40 ans, était géologue, un touche-à-tout. Il avait travaillé dans l'industrie pétrolière en Libye, puis arpenté les Apennins en Italie pour étudier la tectonique des plaques en Méditerranée. Cette enquête l'avait amené aux portes du village médiéval de Gubbio, 150 kilomètres au nord de Rome. Là, d'anciens torrents avaient creusé une gorge à travers des centaines de mètres de sédiments marins : une vue en coupe à travers des dizaines de millions d'années d'activité biologique en Méditerranée, puisque ces calcaires résultaient de l'amoncellement sur le fond marin d'innombrables coquilles de plancton. Les spécialistes pouvaient reconnaître, d'après leur taille et leur forme, les différentes espèces qui se sont succédé au cours des temps géologiques.

Walter Alvarez n'était pas tant intéressé par le plancton luimême que par le saupoudrage de particules d'oxyde de fer qui s'y mêlaient et qui donnaient à la roche de Gubbio sa belle teinte rosée. Le géologue espérait y lire l'enregistrement du champ magnétique passé, gravé par les oxydes et agissant à la façon d'une boussole : d'une couche à l'autre, tout écart du champ avec la direction du nord trahirait la rotation de la plaque méditerranéenne au fil du temps. L'idée était belle, mais Walter Alvarez se rendit vite compte que les sédiments étaient trop déformés pour fournir ce genre de renseignement précis.

1. Alvarez L. W. *et al.*, « Extraterrestrial cause for the Cretaceous-Tertiary extinction », *Science*, n° 208, 6 juin 1980, p. 1095-1108.

Je me permets cette digression pour illustrer à quel point la science avance par tâtonnements, fausses pistes et changements de direction. Encore faut-il être lucide pour abandonner une mauvaise idée, et ouvert d'esprit et multidisciplinaire pour changer son fusil d'épaule. Ce fut le cas de Walter Alvarez.

En passant au peigne fin les calcaires de Gubbio, le géologue mit en sourdine son obsession du champ magnétique et de la tectonique des plaques, pour scruter les microfossiles de plancton. Sa collègue italienne venue l'épauler, Isabella Premoli-Silva, grande spécialiste de ces petites bêtes marines, attira son attention sur un palier particulier dans le beau calcaire rose où les gros planctons du crétacé, d'une taille de près d'un millimètre et visibles à l'œil nu, faisaient abruptement place à une couche de mini-planctons que l'on ne pouvait plus distinguer qu'à la loupe. Entre les deux, comme pour mieux souligner le contraste, une couche d'argile sombre d'un centimètre d'épaisseur, sans le moindre fossile, jouait le rôle de frontière. Là où la curiosité de Walter Alvarez fut piquée, c'est lorsqu'il apprit qu'à la même époque que cet étrange bouleversement du monde marin les dinosaures sur la terre ferme avaient disparu.

Au diable la tectonique des plaques ! Walter Alvarez avait trébuché sur une énigme totalement en dehors de son champ d'expertise. La providence avait mis sur son chemin un indice majeur qui aiderait peut-être à percer le mystère de la mort des dinosaures : une énigmatique couche d'argile, semblant marquer le moment précis de cette crise globale de la biosphère.

Serait-il possible, se demanda le géologue, d'estimer la durée de cette crise qui secoua les planctons et balaya les dinosaures, et fit place nette pour un nouveau chapitre de l'évolution ? En d'autres termes, comment mesurer le temps mis par les flocons d'argile pour s'amasser au fond de la mer sur un centimètre d'épaisseur ? En principe, plusieurs milliers d'années : le taux de sédimentation moyen dans les profondeurs de la Méditerranée à l'époque. Mais si l'argile était un déluge de flocons minéraux déposés par une tempête hors du commun, peut-être cet intervalle de temps était-il beaucoup plus bref, dénotant un événement réellement catastrophique ? Comment le savoir ?

Walter Alvarez récolta soigneusement des échantillons de la mystérieuse argile – baptisée argile « K-T » puisqu'elle sépare les périodes géologiques du crétacé (symbole « K ») et du tertiaire (symbole « T »)[1] – et les rapporta en Californie, à l'université de Berkeley, pour analyse. Car qui saurait mieux trouver le moyen de faire parler l'argile que son détective de père, Luis Alvarez ?

Prix Nobel de physique en 1968 pour ses recherches sur les particules élémentaires, spécialiste de la radioactivité et des rayons cosmiques, rien n'intéressait plus Alvarez père qu'un bon mystère : il avait tenté de repérer des chambres funéraires cachées dans la pyramide de Khephren en Égypte en mesurant la perméabilité de l'édifice aux rayons cosmiques et avait, lui aussi, comme Bill Hartmann, participé à l'enquête sur l'assassinat de John Kennedy, en analysant la physique des impacts de balles. Or, voilà que son fils lui apportait une nouvelle

1. Le terme « tertiaire » est tombé en désuétude et a été remplacé par le terme « paléogène » (symbole Pg) pour désigner la période faisant suite au crétacé. La commission internationale de stratigraphie changea la dénomination « K-T » en « KPg », en janvier 2013. Dans mon texte, j'utilise toutefois le terme K-T qui prévalait à l'époque de la découverte.

énigme à résoudre : l'assassinat des dinosaures, et plus précisément la durée de la crise qui les avait fait disparaître.

Pour cela, il fallait mesurer l'intervalle de temps représenté par cette argile séparant les gros planctons du crétacé des petites bestioles chétives du tertiaire. Le défi consistait à imaginer un chronomètre physique ou chimique dans l'argile. La solution s'imposa rapidement au chercheur : le principe du sablier.

On connaît ce principe : on laisse s'écouler un sable très fin, d'un réservoir à un autre, dont on connaît le rythme d'écoulement. C'est ainsi que vous pouvez cuire un œuf à la perfection avec un sablier minuteur. Or, Luis Alvarez avait un sablier naturel à sa disposition : la fine pluie, permanente et uniforme, de micrométéorites qui tombent du ciel. On estime que la Terre en reçoit 5 000 tonnes par an en moyenne, c'est-à-dire environ cinq microgrammes par mètre carré et par an.

En mesurant la quantité de micrométéorites dans la couche d'argile, on serait à même d'estimer le temps écoulé durant sa formation : peu de micrométéorites voudrait dire que l'argile s'est formée tellement vite qu'elle n'a pas eu le temps d'en amasser ou à peine ; beaucoup de micrométéorites indiqueraient à l'inverse qu'elle avait mis longtemps à se former sur le fond marin, recueillant de nombreuses particules cosmiques dans l'intervalle.

Identifier et peser ces petites particules météoritiques dans l'argile serait particulièrement difficile et rébarbatif, mais Luis Alvarez imagina une technique rusée : détecter, à la place des particules célestes, leurs métaux symptomatiques en faisant appel à la physique nucléaire. Les métaux de la famille du platine, comme l'iridium, sont beaucoup plus répandus dans les météorites que dans les roches terrestres ordinaires, et pourraient donc servir de substitut : plus la concentration en iridium de l'échantillon serait grande, plus il serait riche en micrométéorites.

On parle ici de concentrations très faibles, de l'ordre du dix millionième de pour cent (une unité appelée « ppb » : part par milliard), mais elles sont mesurables au laboratoire, et même automatiquement : la technique consiste à bombarder de neutrons l'échantillon d'argile, et de compter les flashes de rayons gamma que l'iridium émet en retour. Une technique que maîtrisait parfaitement le troisième homme de l'équipe, le physicien Frank Asaro.

Ainsi fut lancée l'opération iridium sur l'argile de Gubbio. S'il y avait zéro iridium, c'est que la catastrophe à l'origine de l'argile avait été si rapide que cette dernière n'avait pas eu le temps de récolter une quantité mesurable de micrométéorites. Si le centimètre d'argile avait mis au contraire dix mille ans pour s'amasser sur le fond marin, ce qui était tout à fait plausible, alors on devait pouvoir mesurer 0,1 ppb d'iridium (un cent-millionième de pour cent) fourni par les micrométéorites présentes. Alvarez père et fils s'attendaient à un résultat quelque part entre ces deux valeurs.

Les semaines passèrent, le temps que Frank Asaro, dans la longue file d'attente des projets soumis à son laboratoire, en arrive enfin à tester les échantillons de Gubbio. Et là, grande stupeur : le résultat qui venait de tomber était absurdement élevé. Il y avait 6 ppb d'iridium dans l'échantillon. En répétant l'opération avec plus de soin encore, c'était même pire : 9 ppb d'iridium. Des dizaines de fois plus que prévu. Selon la théorie du sablier cosmique, cela voulait dire que le centimètre d'argile avait mis près d'un *million* d'années à se déposer, dans un océan dénué de toute vie durant cet interminable laps de temps. C'était impossible à admettre : quelque chose ne tournait pas rond.

Cellule de crise : Luis et Walter Alvarez se demandèrent d'abord si un processus bizarre, dans la Méditerranée de l'époque, n'avait pas concentré de l'iridium sur le fond marin. Pour en avoir le cœur net, Walter se mit à rechercher dans les archives géologiques s'il existait d'autres endroits sur Terre où la frontière entre crétacé et tertiaire était visible dans les sédiments, avec la même couche d'argile, pour y refaire des tests. Banco : il trouva le signalement d'un autre empilement calcaire de planctons sur les rives de la mer Baltique, une centaine de kilomètres au sud de Copenhague – de hautes falaises blanches, du nom de Stevns Klint.

Je n'ai jamais eu l'occasion de visiter Gubbio, mais je suis allé fouiner sur ce site danois, où la couche d'argile K-T est particulièrement spectaculaire. Elle est sombre, épaisse d'un à deux centimètres, et se désagrège sous les doigts : on y trouve des restes de poissons fossilisés, preuve s'il en est qu'il s'agit d'un véritable cimetière marin, et qu'une catastrophe a bien secoué l'écosystème à l'époque. L'argile sent même le soufre, indice que le fond marin ne contenait plus d'oxygène. Comme ailleurs, on trouve de gros planctons du crétacé sous cette « argile à poisson », et de petits planctons rabougris au-dessus.

Lorsque les Alvarez répétèrent leur analyse chimique sur l'argile de Stevns Klint, ils obtinrent la même concentration absurde d'iridium. Son abondance n'était donc pas une anomalie marine locale, mais bien un mystère planétaire. Alors comment l'expliquer ?

5. L'auteur à Stevns Klint

L'auteur à Stevns Klint, au Danemark, pointant du doigt la célèbre couche d'argile K-T déposée par la boule de feu qui a déferlé sur le globe, lors de l'impact d'astéroïde qui massacra les dinosaures. (© C. Frankel/A. Reher)

6. Éric Robin au Mexique

Traces d'un tsunami : sur le site de Mimbral au Mexique, le chercheur Éric Robin (CEA/CNRS) pointe le sommet d'un épais banc de sable déposé par l'impact qui frappa le Yucatán, il y a 66 millions d'années. (© C. Frankel)

La thèse de l'impact

Les Alvarez eurent une première idée. Et si Dale Russell avait raison ? Et si c'était bien une supernova qui avait éclaté près de la Terre, mitraillant la planète de métaux lourds, iridium compris, forgés dans la déflagration ? Comment le prouver ? Luis Alvarez détenait la réponse : l'explosion aurait également produit du plutonium-244. Il n'y en a plus sur Terre, car depuis la formation du globe tout son stock s'est désintégré. En revanche, un apport « frais » venu de l'espace, il y a soixante-six millions d'années seulement, n'aurait pas eu le temps de disparaître complètement et serait donc détectable dans l'argile. Les Alvarez firent appel à une spécialiste du plutonium, Helen Michel, mais, malgré quelques faux espoirs au départ, le résultat s'avéra négatif. Pas de supernova en cause.

Il ne restait plus qu'une solution. Et si c'était un astéroïde de très grande taille, avec son lot d'iridium, qui s'était écrasé sur Terre et l'avait éparpillé aux quatre coins de la planète ? Ce scénario ne plaisait pas beaucoup aux chercheurs. Comment une simple collision, quelque part sur le globe, aurait-elle affecté tout l'écosystème à ce point ? Plusieurs mois durant, Luis et Walter Alvarez retournèrent le problème dans tous les sens, jusqu'au jour où Luis eut une révélation.

Ironie du sort, elle ne lui vint pas des impacts, qu'il connaissait mal, mais des volcans. Il avait lu des articles sur la quantité de cendres volcaniques injectées dans l'atmosphère par les grandes éruptions de l'histoire, notamment celle du Tambora en Indonésie en 1815, qui avait jeté les environs dans une profonde obscurité des semaines entières et fait baisser la température d'un bon degré partout sur la planète durant une année complète. Le physicien extrapola les effets néfastes qu'aurait l'injection dans l'atmosphère d'une quantité de roche pulvérisée des milliers de fois supérieure : alors une nuit sans fin serait tombée sur la planète, faisant chuter la température et coupant net la photosynthèse des plantes et du plancton, pour mener à l'effondrement de la chaîne alimentaire tout entière, sur terre et dans les mers.

Avec enfin une explication à la fois pour l'iridium et pour le mécanisme de l'extinction, les Alvarez étaient prêts à publier. Et c'est donc en juin 1980 que parut dans la revue américaine *Science* l'article appelé à devenir célèbre, « Une cause extraterrestre pour l'extinction crétacé-tertiaire ». C'est un article remarquable à bien des titres, et je ne manque jamais de le donner à lire et à analyser aux étudiants de mon cours de planétologie, à l'université où j'enseigne aux États-Unis. Il illustre les fondements mêmes de la méthode scientifique : faire des observations, les interpréter, échafauder une théorie qui s'appuie sur elles, et déduire quelles preuves supplémentaires devraient la confirmer et qu'il faudrait rechercher.

Cette dernière étape est capitale et distingue une théorie véritablement scientifique d'un simple scénario sans potentiel de vérification. Et c'est là où les Alvarez ont fait très fort. Ils ont prédit que d'autres preuves d'impact verraient le jour, sans quoi ils auraient tort, et ils sont même allés jusqu'à calculer la taille de l'astéroïde, d'après la quantité d'iridium à Gubbio et à Stevns Klint, extrapolée à l'ensemble du globe : un projectile d'une dizaine de kilomètres de diamètre. Les planétologues pouvaient aisément faire le calcul : la collision d'une telle masse se traduirait par un cratère de quelque 200 kilomètres de diamètre, à découvrir quelque part sur Terre.

Les preuves supplémentaires qu'il s'agissait bien d'un impact d'astéroïde n'allaient pas tarder. Ce furent d'abord de petites sphérules de la taille de grains de sable qui furent identifiées dans la couche d'argile par le géologue néerlandais Jan Smit. Puis des cristaux d'oxyde de fer – les spinelles nickelifères – que se mit notamment à étudier le physicien français Éric Robin, et qui témoignaient de l'oxydation de métaux météoritiques lors de la traversée du bolide dans la haute atmosphère. Enfin, fidèles aux expectatives, des minéraux de la croûte terrestre fracassés par l'énergie de la collision, connus des spécialistes sous le nom de « quartz choqués », furent également découverts dans l'argile.

À ce stade, une remarque s'impose. À la lecture de l'article des Alvarez, le géologue américain Bruce Bohor, spécialiste des quartz choqués, fit une demande de subvention auprès du principal bailleur de fonds des sciences de la Terre aux États-Unis – la US Geological Survey – pour financer un projet de recherche de ces minéraux symptomatiques. Sa demande fut rejetée, sur le principe notamment que « tout le monde savait que les dinosaures avaient disparu graduellement, et qu'il n'y avait pas lieu de rechercher des preuves de catastrophe ». Après avoir essuyé un nouveau refus l'année suivante, Bruce Bohor se résolut à entreprendre ses recherches avec ses propres deniers. Bien lui en prit : il découvrit les quartz choqués dans la couche d'argile K-T, au sein de sédiments lacustres dans le Montana, puis à Stevns Klint, à Gubbio, et en Nouvelle-Zélande. Seul un impact d'une rare violence aurait pu non seulement choquer à un tel degré les minéraux de la croûte terrestre au point zéro, mais également les projeter aux quatre coins de la Terre. La thèse de l'impact était confirmée, mais il fallut encore du temps pour que la communauté scientifique l'accepte.

En passant par les volcans

Un massacre instantané de l'écosystème – et qui plus est, venu du ciel – n'était pas du goût de tout le monde. Des voix dissidentes s'élevèrent pour affirmer que les prétendues preuves d'impact étaient le résultat plutôt de volumineuses éruptions volcaniques qui avaient eu lieu en Inde à l'époque. L'iridium aurait été expulsé des profondeurs du manteau terrestre, à la limite du noyau de fer où le rarissime métal existe en concentrations plus importantes qu'en surface, et les quartz auraient été choqués par la violence des éruptions.

Comme aucun cratère d'impact de la bonne taille et du bon âge ne pointait le bout de son nez à la surface de la Terre, la controverse allait durer plusieurs années. C'était de bonne guerre et même salutaire : la science n'est pas un dogme, et toute théorie doit se prêter à la critique. C'est le fonctionnement même de la méthode scientifique : une théorie n'est juste que le temps qu'elle n'a pas été prouvée fausse.

Cela étant, la contre-offensive menée par les partisans d'une crise volcanique pour expliquer l'argile K-T se révéla vite incorrecte. L'iridium fut confirmé d'origine météoritique, plutôt que volcanique, tout comme les quartz choqués, et l'affirmation que la biosphère avait périclité sur des centaines de milliers d'années, pour coller avec la durée des éruptions en Inde, plutôt qu'instantanément, comme le démontrait la terminaison abrupte d'espèces de plancton au niveau de l'argile, ne convainquait que ceux qui croyaient *a priori* à un lent déclin des espèces vivantes à la fin du crétacé. C'était véritablement un clash entre géologues conservateurs – adeptes de la philosophie « gradualiste » où les processus géologiques et l'évolution biologique sur Terre sont lents et progressifs – et les planétologues de la « nouvelle vague », qui n'avaient pas de préjugés et qui avaient reçu au cours de leur cursus universitaire une introduction à la science des impacts cosmiques, c'est-à-dire, majoritairement, au Canada et aux États-Unis.

J'ai exposé ailleurs, dans mes précédents ouvrages, le détail et l'analyse de cette controverse qui a agité le petit monde de la géologie tout au long des années 80. Outre le fait que j'étais formé à la science des impacts, j'avais un solide bagage en volcanologie, ce qui m'avait permis de choisir très vite laquelle des deux théories était la bonne. C'était un peu paradoxal, en y repensant, qu'amoureux des volcans, je n'avais pas eu plus de clémence pour la théorie du volcanisme. Mais, justement, ma connaissance des processus éruptifs s'ajoutait à la clarté des preuves d'impact pour me conforter dans mon opinion que la collision d'un astéroïde était seule responsable de la grande extinction de la fin du crétacé.

À vrai dire, je suivais cette controverse d'assez loin, car je trouvais les impacts peu intéressants, et malgré leur implication indéniable dans ce mystère de la fin des dinosaures, c'était les volcans qui m'occupaient principalement à l'époque. Début 1980, pendant que les Alvarez publiaient leur article, je suivais un cours de volcanologie à l'université de l'Arizona, et arpentais avec mon professeur Paul Damon les couches de cendres siliceuses dispersées dans le Sud-Ouest américain par les grandes éruptions des derniers millions d'années. L'année suivante, je vivais ma première éruption en escaladant l'Etna en Sicile, et en suis redescendu le visage si noir de cendres que les guides ont éclaté de rire en me croisant au refuge. L'année d'après, je m'étais joint à l'équipe d'Haroun Tazieff sur le Vulcano, où François Le Guern mettait au point un spectromètre portatif pour analyser les gaz éruptifs, et je descendais avec l'aventurier Jacques Durieux dans la fosse du cratère du Stromboli : le genre de plaisanterie qu'on ne fait plus aujourd'hui, à se pencher sur son évent éruptif et à sauter en arrière, lorsqu'en jaillissait une pétarade de scories incandescentes.

J'ai de merveilleux souvenirs de ces années 80, où le tourisme de masse n'avait pas encore envahi les volcans, et j'ai passé nombre de nuits dans mon sac de couchage sur la crête du Stromboli, ouvrant l'œil à chaque déflagration pour m'assurer que les paquets de lave ne volaient pas dans ma direction. Ou bien ce petit matin où j'ai été rejoint sur la crête par un chien errant venu s'asseoir à mes côtés, et que nous avons regardé tous deux en silence le lever de soleil sur la mer.

Ce qui m'intéressait particulièrement, c'était le côté culturel et historique de la vie sur les volcans : les légendes et les superstitions, la lutte contre les coulées de lave, la protection civile et les manipulations politiques. J'avais rencontré à ce sujet Haroun Tazieff et contacté le cinéaste allemand Werner Herzog, pour qu'ils participent à un documentaire que j'essayais de monter pour la télévision américaine, intitulé *Man and Volcano* (L'Homme et le Volcan), mais le projet n'a pas abouti. Il aurait porté notamment sur les scandales de la montagne Pelée en 1902 et de La Soufrière en 1976, lorsque de mauvais scientifiques, appuyés par des politiciens tout aussi incompétents, ont minimisé les risques d'une grave éruption dans le premier cas, exagéré et inventé des risques dans le second, avec pour résultat respectivement 35 000 morts à la montagne Pelée, et 73 000 évacués à La Soufrière, réduits à la précarité.

Si je n'ai pas pu mener à bien ce projet, je me suis rattrapé en réalisant dans la foulée, avec mes amis cinéastes de Sirius Films à Paris, un documentaire d'un tout autre genre pour la télévision française, intitulé *Retour sur Terre*, sur un thème un peu décalé. Que découvriraient deux astronautes venus d'ailleurs, s'ils se posaient sur la Terre et n'avaient que quarante-huit heures pour découvrir et comprendre la planète ? Pour jouer le rôle des explorateurs, j'avais convaincu Pete Conrad, commandant d'Apollo 12, et le géologue Harrison Schmitt, pilote d'Apollo 17, qui avaient tous deux marché sur la Lune.

Quant à leur point d'atterrissage, ils posaient leur vaisseau spatial – un hélicoptère Alouette en l'occurrence – au pied des volcans d'Auvergne, au beau milieu de la chaîne des Puys. Mon choix était motivé tant pour son côté « cocorico » – oui, nous avons des sites remarquables en France – que pour la diversité du volcanisme auvergnat : cônes stromboliens et dômes de lave visqueuse, de quoi passionner le grand amateur de volcans qu'était Harrison Schmitt. Quant à Pete Conrad, l'un des meilleurs pilotes d'essai de sa génération, qui avait volé quatre fois dans l'espace, il était ravi à l'idée de découvrir un nouvel engin volant, l'Alouette, qu'il allait pouvoir piloter au-dessus des cratères.

Ce fut une bien sympathique aventure. Les volcanologues de Clermont-Ferrand – Jean-François Lénat, Alain de Goër et Pierre Vincent – y jouèrent le rôle des spécialistes du centre de contrôle, guidant par radio les astronautes à distance ; et le géophysicien Jacques Zlotnicki de l'Institut de physique du globe avait apporté depuis Paris le principal instrument scientifique de la mission : un magnétomètre dernier cri, avec mât et haubans pour le dresser sur le site d'atterrissage et cerner le champ magnétique de la planète.

Les volcans, on le voit, m'accaparaient. Après ce documentaire, je m'étais lancé dans la rédaction d'un livre de volcanologie consacré au Système solaire, à savoir une comparaison du volcanisme de la Terre, de la Lune, de Mars, Vénus et Io – lune volcanique de Jupiter. Ce projet allait m'occuper plusieurs années, car après sa publication en France[1] l'université de Cambridge au Royaume-Uni m'avait demandé une édition mise à jour en anglais, m'obligeant à élever le niveau d'un cran supplémentaire, puisque les spécialistes de la question amenés à le lire étaient américains et britanniques. Pour assurer mes arrières, j'avais demandé à l'astronaute Harrison Schmitt de relire ma synthèse du volcanisme lunaire, tout comme j'avais sollicité pour d'autres chapitres des planétologues de renom, notamment James Head de Brown University, auquel je vouais une grande admiration.

Ne pouvant pas me déplacer sur Mars ou Vénus pour potasser le sujet, je m'étais rabattu sur les bibliothèques les mieux fournies en revues scientifiques spécialisées, ce qui m'avait forcé à faire le tour des États-Unis – Internet n'était pas encore accessible pour ce genre de recherche – et à vagabonder du Jet Propulsion Laboratory en Californie au quartier général de la NASA à Washington, scène où eut lieu d'ailleurs un incident cocasse.

À la recherche d'une revue scientifique qui n'était pas présente sur ses étagères, je découvris qu'elle se trouvait en fait dans la bibliothèque du quartier général de la CIA, à une quinzaine de kilomètres de distance, à Langley, en Virginie. Or, une navette à usage interne reliait les deux quartiers généraux. Je descendis donc au garage embarquer, comme si de rien n'était, dans le minibus de la NASA, et me retrouvai

1. Frankel C., *Les Volcans du Système solaire*, Armand Colin, 1993.

une demi-heure plus tard dans le sous-sol de la CIA, parcourant les rayons de la bibliothèque jusqu'à mettre la main sur l'article de volcanologie qui m'intéressait, et même le photocopier sur place aux frais de la princesse, avant qu'un agent ne m'arrête dans le couloir, en s'apercevant que je ne portais pas de badge. Après m'avoir posé quelques questions, les agents médusés me remirent discrètement dans la navette pour Washington.

J'en étais là de mes recherches volcanologiques, faisant un dernier arrêt dans une agence de géologie pour rendre visite à une consœur, lorsqu'en patientant dans la salle d'attente mon regard tomba sur le magazine *Geology*, la revue américaine des sciences de la Terre, qui traînait sur la table. La carte d'une formation circulaire ornait la couverture, mais ce n'était pas un volcan. Le titre disait : « Un possible cratère d'impact à la frontière crétacé-tertiaire, sur la péninsule du Yucatán au Mexique ».

Le cratère démasqué

Cela me fit l'effet d'un électrochoc, me sortant abruptement de ma confortable routine volcanologique. Après dix ans de recherche, il semblait qu'on avait enfin découvert le cratère d'impact responsable de la mort des dinosaures. En outre, j'allais l'apprendre, cette découverte était l'aboutissement d'un véritable jeu de piste qui n'avait rien à envier aux enquêtes policières des séries télévisées, avec un scénario à rebondissements.

Tout avait commencé avec l'intuition des chercheurs nord-américains que le cratère se trouvait près de chez eux. L'argile préservée dans les sédiments lacustres du Montana, du Colorado et du Nouveau-Mexique, était d'une épaisseur double – de l'ordre de deux centimètres – de ce qu'elle était partout ailleurs autour du globe. Un jeune thésard de l'université de l'Arizona, Alan Hildebrand, s'était notamment penché sur un site au sud du Texas, près du golfe du Mexique, qui semblait refléter l'action d'un tsunami sous la couche d'argile, comme si l'impact avait eu lieu en mer. Il était renforcé dans son opinion par l'identification d'une couche similaire sur l'île de Haïti. Tout semblait pointer vers le golfe du Mexique comme lieu de la catastrophe.

Mais où diable se cachait le cratère ? Était-il seulement préservé, ou bien avait-il disparu dans le manteau terrestre, avalé par un tour de passe-passe de la tectonique des plaques ? Alan Hildebrand avait bien identifié sur les cartes du fond marin une vague formation circulaire du côté de la Colombie, et il avait entendu parler d'une structure enfouie sur la péninsule du Yucatán au Mexique, mais sans grands détails à se mettre sous la dent. Or, cette information capitale qu'il recherchait était détenue par deux géologues qui planchaient sur une tout autre affaire : la traque des gisements pétroliers.

L'Américain Glen Penfield, expert en géophysique, avait été embauché par la société pétrolière du Mexique, la Pemex (Petróleos Mexicanos), pour établir des relevés du champ magnétique autour du golfe du Mexique, à la recherche de gisements cachés. Lorsqu'il survola le Yucatán, il nota un bassin enfoui que les géologues mexicains connaissaient bien, pour l'avoir foré dans les années 50 : ils n'en avaient extrait à l'époque que des morceaux de lave volcanique sans aucun intérêt, car un cratère volcanique ne contient pas de pétrole. Mais Glen Penfield avait trouvé la structure particulièrement insolite : son empreinte circulaire lui rappelait les cratères de la Lune qu'il regardait au télescope, quand il était enfant. Comme quoi une éducation et une ouverture d'esprit pluridisciplinaires ont une importance capitale dans les grandes découvertes. Penfield parvint à convaincre son employeur, le Mexicain Antonio Camargo, de son interprétation peu orthodoxe, et les deux compères se fendirent d'une communication en ce sens à un congrès de l'industrie pétrolière à Los Angeles en 1981, un an seulement après l'article révolutionnaire des Alvarez, annonçant qu'ils avaient trouvé un cratère qui pouvait correspondre au massacre des dinosaures.

Ce n'était pas le bon public. Personne, parmi les chercheurs de pétrole, ne s'intéressait à un cratère d'impact, et encore moins au destin tragique des dinosaures. Seul un journaliste de Houston présent au congrès, Carlos Byars, comprit l'importance de la communication de Penfield et Camargo, et lui consacra un article dans son journal, le *Houston Chronicle*, le 13 décembre 1981, et en première page s'il vous plaît, avec pour titre : « Un site au Mexique pourrait être le lien avec la disparition des dinosaures ». Comble de l'ironie : dans la capitale du programme spatial, aucun planétologue ne tomba sur l'article. Même lorsque les spécialistes se rassemblaient au séminaire annuel de planétologie de Houston, le Lunar and Planetary Science Conference, et que Carlos Byars tentait d'attirer leur attention sur cette découverte, personne ne daignait l'écouter.

C'est tout le problème évoqué par Saint-Exupéry dans *Le Petit Prince* : un astronome turc en habit traditionnel fait part, à un congrès international d'astronomie, d'une découverte exceptionnelle, en l'occurrence celle de l'astéroïde B612. « Mais personne ne l'avait cru à cause de son costume. Les grandes personnes sont comme ça. » Onze ans plus tard, continue Saint-Ex, l'astronome refait sa démonstration dans un costume européen. Et cette fois, tout le monde l'écoute.

Cette parabole s'applique d'une certaine manière à l'histoire du cratère. Carlos Byars n'était qu'un journaliste d'un journal local : ce n'était pas un membre de la respectable confrérie des planétologues, et ses informations ne pesaient pas lourd. On l'écoutait poliment, sans plus. Neuf ans plus tard, ce ne fut pas un changement de costume, mais son obstination qui finit par payer. En 1990, lors d'une énième session du Lunar and Planetary Science Conference, Byars assista à une communication d'Alan Hildebrand qui faisait le point sur ses recherches infructueuses dans le golfe du Mexique, et l'aborda pour lui faire part des informations que tout le monde ignorait. Et cette fois, il fut écouté.

Alan Hildebrand contacta Glen Penfield et Antonio Camargo, embarqua dans l'aventure son directeur de thèse William Boynton et son condisciple David Kring de l'université de l'Arizona, et la fine équipe parvint à mettre la main sur les précieux échantillons de forage de la Pemex des années 50, égarés depuis, et retrouvés dans d'obscurs tiroirs de l'université de La Nouvelle-Orléans. Les analyses étaient formelles : non seulement les roches étaient bien des laves d'impact, mais leur composition chimique et leur âge concordaient avec les débris retrouvés autour du globe dans la couche K-T. La structure enfouie du Yucatán, baptisée Chicxulub, du nom du petit port de pêche au point zéro, était la coupable tant recherchée.

Point zéro : Chicxulub

Enfoui sous 1 000 mètres de sédiments accumulés dans le bassin depuis le jour de l'impact, il y a 66 millions d'années, Chicxulub est le troisième plus grand astroblème préservé sur Terre, après ceux beaucoup plus anciens de Vredefort en Afrique du Sud et de Sudbury en Ontario, dont les diamètres accusaient initialement près de 250 kilomètres. Avec ses 180 kilomètres, Chicxulub correspondait parfaitement à la taille prédite par les Alvarez, preuve, s'il en fallait encore, de la justesse de leur raisonnement.

Comme pour ses prédécesseurs, c'est l'enfouissement sous les sédiments postérieurs qui ont préservé le cratère, sinon l'érosion aurait bien pu le faire disparaître à jamais et perpétuer les débats sur la responsabilité d'un impact cosmique dans la grande extinction de la fin du crétacé. Heureusement qu'existaient aussi à l'époque les techniques adéquates de forage et de prospection géophysique pour dessiner le profil du meurtrier, sinon cet enfouissement aurait également pu le cacher longtemps aux yeux des chercheurs. Car force est de reconnaître que le cratère ne se manifeste pas de façon très nette en surface.

Le Yucatán est une vaste plate-forme de sédiments marins – principalement calcaires – de faible altitude et d'une grande platitude, recouverte d'un maquis de broussailles, et bordée de mangroves sur la côte. On peut même dire que les seules structures qui s'élèvent un tant soit peu au-dessus du sol sont les temples mayas, tel celui de Chichén Itzá, érigés il y a plus de 1 000 ans.

Peu après la découverte du cratère, je me suis rendu sur

les lieux. Alan Hildebrand m'avait indiqué que la meilleure façon de percevoir la structure enfouie était d'identifier la couronne de petites mares qui affleurent en surface. Appelés *cenotes* en maya, ces mares résultent d'un travail de sape par les eaux souterraines de la nappe phréatique, eaux qui sont infléchies vers la surface par les failles à l'aplomb du cratère. L'eau ronge le sol calcaire par en dessous, jusqu'à créer des effondrements en forme de puits. Les parois verticales tombent plusieurs dizaines de mètres jusqu'au niveau de la nappe phréatique, qui représente grosso modo celui de la mer. J'avais apporté mon masque de plongée pour me faire une idée de ce genre de structure ; après avoir émergé d'une reconnaissance, je fus prévenu que mon lieu de baignade était infesté de crocodiles – une information intéressante, mais que j'ai trouvée un peu tardive. D'autres cénotes moins sauvages sont sans danger et réputés pour leurs eaux translucides ; d'autres encore, à Chichén Itzá en particulier, sont funestement réputés pour avoir été le théâtre autrefois de sacrifices humains.

Quoi qu'il en soit, l'alignement curviligne de cénotes dessine la circonférence du cratère enfoui. Seule la moitié sud du grand astroblème repose sous la terre ferme et affiche ces points d'eau en surface ; sa moitié nord s'étend pour sa part sous le fond marin du golfe du Mexique. À leur frontière, là où la rangée curviligne de cénotes atteint la côte et ses mangroves, la transition donne lieu à un phénomène aussi étrange qu'esthétique, que je suis allé observer en barque. Depuis les cénotes sous-marins, l'eau douce remonte en bouillons transparents à travers l'eau salée. On les appelle *ojos de agua* – « yeux d'eau » – et les nutriments qu'ils injectent dans la mer attirent une multitude de crevettes, crabes et poissons, notamment des bancs de gros mulets. La légende veut qu'une baignade dans cette bulle d'eau douce vous rajeunit son homme de dix ans, mais, vu l'alerte crocodile du cénote précédent, j'ai préféré m'abstenir.

Sur la terre ferme, outre les cénotes, la projection en surface de la circonférence du cratère se traduit par une dépression topographique à peine perceptible. Il faut un sens aigu de l'observation ou un bon GPS pour la noter, mais, lorsque la route en terre battue traverse la frontière du cratère, on descend progressivement de cinq mètres environ sur une distance horizontale de deux ou trois kilomètres, avant de remonter. Pas de quoi vous retourner l'estomac.

On l'aura compris : ce n'est pas en sillonnant les routes du Yucatán que l'on risque de tirer le portrait du cratère enfoui. Les forages d'exploration et les relevés gravimétriques, magnétiques et sismiques s'en sont chargés. Ainsi sait-on que sous son linceul de 1 000 mètres de sédiments, l'astroblème prend la forme d'un amphithéâtre qui descend en grandes marches concentriques vers un plancher central d'une centaine de kilomètres de large, recouvert de laves d'impact et de roches fracassées avec, au centre de l'arène enfouie, une couronne granitique de plusieurs centaines de mètres de relief, rehaussée par l'onde de choc de l'impact.

Les raisons d'un massacre

Si rien ne laisse transparaître en surface, du moins au Yucatán, la violence des événements qui ont secoué la Terre il y a 66 millions d'années, les chiffres sont pourtant effrayants. Un astéroïde de la taille du massif du mont Blanc, percutant la Terre à la vitesse d'un missile, a libéré une énergie au point zéro comparable à 20 000 fois l'arsenal nucléaire de toute l'humanité, ou encore 5 milliards de fois la bombe d'Hiroshima[1].

C'est évidemment difficile à imaginer. Un trou béant de 100 kilomètres de diamètre et de 15 kilomètres de profondeur s'est créé en une poignée de secondes ; 10 000 à 100 000 kilomètres cubes de roche locale se sont volatilisés en une trombe de débris fracassés, fondus et vaporisés. Lorsque l'on sait que les plus grandes éruptions volcaniques de l'histoire n'ont frisé que 100 kilomètres cubes de cendres – 1 000 fois moins – on commence à prendre conscience de l'échelle démesurée d'un tel impact.

Semblable au champignon d'une explosion nucléaire, le panache central de roche vaporisée – un plasma à plus de 10 000 degrés – a grimpé au-dessus de l'atmosphère et rayonné dans toutes les directions. Il s'est répandu autour de la planète pour se condenser et retomber en une pluie de sphérules vitreuses.

Ce sont ces retombées mondiales qui ont scellé le sort de la biosphère. On peut citer bien sûr le traumatisme régional : tout ce qui était à moins de 1 000 kilomètres du point zéro a été soufflé et incinéré en quelques minutes. Des couches de roche fracassées, roulant sur le paysage comme des nuées ardentes, ont enterré l'Amérique centrale sous plusieurs mètres de débris : à la frontière du Belize, soit à 300 kilomètres du point zéro, le linceul de blocs mesure 15 mètres d'épaisseur, le niveau d'un immeuble de cinq étages. Un tsunami a déferlé pour sa part autour du golfe du Mexique et

1. L'équivalent de 100 000 milliards de tonnes de TNT.

même de la Terre entière : l'onde initiale devait mesurer plus d'un kilomètre de hauteur selon les calculs.

Mais, pour expliquer l'extinction des trois-quarts de la biosphère, il faut bien se rendre compte que les effets à distance furent tout aussi dévastateurs. Les milliers de milliards de tonnes de matière qui sont retombées partout sur Terre en une pluie de sphérules ont été chauffées au rouge lors de ce retour à travers l'atmosphère, et ont allumé le ciel en un four gigantesque.

Cet effet « rôtissoire » a été modélisé par les physiciens, à commencer par Jay Melosh de l'université de Purdue dans l'Indiana, grand spécialiste de la question. Ils en ont déduit que le rayonnement a dû chauffer le sol et la surface de la mer à plus de 250 °C, la température d'un four en position « grill », durant au moins vingt minutes, voire plus d'une heure. À ce tarif, on pourrait s'étonner que des animaux sur la terre ferme aient survécu, mais ce ne sont là que des calculs : la réalité est évidemment plus complexe. On peut avancer par exemple que, là où par chance se trouvait un plafond nuageux, le rayonnement infrarouge a dû perdre de sa verve en vaporisant les gouttelettes d'eau sur son passage, et l'effet rôtissoire fut bien moindre. Dans d'autres régions, il fut au contraire maximal et déclencha même instantanément des feux de forêt, à en croire la quantité de suie de combustion recensée dans la couche K-T : de toute évidence, une bonne partie de la biosphère terrestre a tout simplement brûlé.

La suite des événements fut tout aussi tragique. Une fois le rayonnement infernal terminé, les poussières minérales en suspension dans l'air, augmentées de la suie des feux de forêt, ont formé une chape opaque qui a bloqué la lumière du Soleil. C'est ce qu'avait imaginé Luis Alvarez en élaborant la thèse de l'impact, par analogie avec les grandes éruptions volcaniques de l'histoire. Combien de temps cette obscurité a-t-elle duré ? Plusieurs jours, plusieurs semaines ou plusieurs mois ? Nul ne le sait. Toujours est-il que son effet premier fut d'arrêter abruptement la photosynthèse, non seulement sur la terre ferme où les plantes ont péri, mais également à la surface des mers où le plancton fut tout autant affecté. À leur suite, c'est l'ensemble de la chaîne alimentaire qui s'est effondré. Et c'est encore sans compter avec le refroidissement brutal que cette longue nuit a initié, les spécialistes du climat avançant une chute d'une quinzaine de degrés Celsius en moyenne, plus encore au centre des continents. Les particules ont fini par retomber au sol, mais le mal étant fait, on estime qu'un tiers de l'hémisphère Nord a été recouvert de glace durant plus d'un an.

Sans que ce soit contradictoire, les physiciens imaginent que la période de gel a été suivie d'une période de réchauffement hors norme, à cause de la quantité de dioxyde de carbone rejetée par l'impact dans l'atmosphère. L'analyse de la composition chimique des planctons qui ont survécu à l'impact indique en effet une hausse à long terme de la température atmosphérique, de l'ordre de 5 °C à 10 °C au-dessus des normales de l'époque, durant plusieurs milliers d'années.

Après le brasier initial, cette double agression climatique – refroidissement puis réchauffement – découle d'un très malheureux concours de circonstance, à savoir l'endroit sur Terre où l'astéroïde a frappé. C'est ce que j'appelle l'« effet de cible ».

Il se trouve que la plate-forme du Yucatán affectée par l'impact est une pile de sédiments riches en gaz séquestrés : des couches de calcaire, à base de carbonate de calcium, et des couches de gypse, à base de sulfate de calcium. Vaporisés par l'impact, carbonates et sulfates ont relâché dans l'atmosphère dioxyde de carbone et dioxyde de soufre. Ce dernier s'est combiné aux molécules d'eau de la haute atmosphère pour générer des sulfates – cristaux qui ont réfléchi la lumière solaire et aggravé l'effet initial de refroidissement. Quant au dioxyde de carbone, il attendait son heure. Une fois poussières et sulfates retombés, il a pu démarrer son travail, retenant la chaleur du Soleil qui brillait de nouveau, et a fait grimper la température atmosphérique au-delà du raisonnable.

Si ce tableau n'est pas encore assez glauque, on peut y ajouter les pluies acides – acides sulfurique, carbonique, voire nitrique à base d'azote déstabilisé par l'onde de choc – ruisselant sur le sol et pleuvant sur la mer ; ou encore les métaux toxiques comme le nickel et le mercure, dissous par ces pluies acides et empoisonnant les organismes vivants.

En fait, on peut se demander comment une partie de la biosphère a survécu, et ce n'est pas le moins intéressant dans l'histoire. En dressant la liste des victimes et des survivants, on s'aperçoit d'abord que les espèces animales les plus grosses – plus de 25 kilogrammes au stade adulte – ont toutes péri. Deux raisons à cela, selon les experts : la quantité de nourriture que requiert quotidiennement un gros animal – difficile à trouver en temps de crise – et le nombre d'individus relativement peu élevé au sein de ces grosses espèces : après ce massacre, leur nombre et leur densité au kilomètre carré peuvent être tombés si bas qu'ils ont eu du mal à se croiser et à se reproduire, quand bien même ils en auraient encore eu envie, ce qui a mené irrévocablement à la disparition de leurs espèces.

À l'autre bout du spectre, on note un taux de survie

légèrement meilleur pour les mammifères, plus petits que cette taille couperet des 25 kg qui fut si défavorable aux dinosaures. Le bilan n'est toutefois pas des plus joyeux : dans un recensement de fossiles de mammifères dans les strates du Montana, seules 7 % des espèces de mammifères survécurent à l'impact. On attribue ce très relatif succès au mode de vie de ces animaux qui cumulent quatre avantages : leur logement dans des terriers qui constituent un « bunker » propice pour essuyer les chocs thermiques, comme l'échauffement puis le refroidissement délétères du monde extérieur, suite à l'impact ; une vision nocturne, un sang chaud et une couverture isolante de poils leur permettant des sorties dans un monde devenu obscur et frigorifique ; leur petite taille grâce à laquelle ils ont pu trouver suffisamment de nourriture lors de leurs sorties, assortie d'une dentition omnivore qui leur a permis de se contenter de ce qu'ils trouvaient (à la différence d'un animal carnivore ou herbivore trop spécialisé) ; et une population plus élevée au départ que les gros animaux, laissant un plus grand nombre de rescapés pour des retrouvailles nuptiales et une reproduction plus efficace au lendemain de la crise.

Sur les lieux du crime

Dans le milieu océanique, pour analyser la catastrophe de la fin du crétacé, on peut se reposer sur des forages, mais des carottes de quelques centimètres de diamètre prélevées dans des sédiments sous-marins ne sont guère enthousiasmantes. L'idéal, comme à Gubbio en Italie et à Stevns Klint au Danemark, ce serait de trouver un endroit, proche du Yucatán, où les mouvements tectoniques auraient élevé le gâteau sédimentaire au-dessus du niveau marin.

Là encore, c'est Walter Alvarez qui a eu la bonne intuition et cherché au bon endroit, au début des années 90, avec ses confrères qui lui rendaient visite à Stanford, Jan Smit et Alessandro Montanari. Les trois géologues avaient conclu qu'en raison de soulèvements tectoniques, les couches rocheuses de l'époque devaient percer en surface à l'extrême ouest du golfe du Mexique, dans la province mexicaine de Tamaulipas, près de la ville de Ciudad Victoria. Et, en effet, après plusieurs jours d'exploration sans résultat, le trio tomba sur un haut talus de sable consolidé, formant la berge d'une rivière asséchée, du nom d'Arroyo El Mimbral.

Jamais, en trente ans d'exploration, devait avouer plus tard Walter Alvarez, le chercheur n'avait vu un témoignage géologique aussi spectaculaire et décisif. J'eus la chance d'accompagner Walter Alvarez et Jan Smit deux ans plus tard sur le site, avec deux physiciens qui furent parmi les premiers en France à reconnaître la réalité de l'impact et sa responsabilité dans la mort des dinosaures : Robert Rocchia et Éric Robin. Ce que nous avons contemplé, dans cet Arroyo El Mimbral, était fascinant.

On se trouvait là sur un ancien fond marin, situé au moment de l'impact à plus d'une centaine de mètres de profondeur, avant que ses strates ne soient soulevées bien plus tard pour être exposées à l'air libre. Sur ce plancher marin – cimetière d'innombrables générations de plancton – était plaqué un méli-mélo de fragments de roche fracassée, éjectés du cratère distant de 2 000 kilomètres, truffé de ces petites sphérules vitreuses retombées de la boule de feu qui enveloppa la Terre dans les minutes suivant l'impact.

Ces sphérules étaient entassées sur une trentaine de centimètres d'épaisseur. Au-dessus, une couche de sable épaisse de deux bons mètres témoignait des avalanches qui ont dévalé la pente sous-marine, à la suite des vibrations sismiques qui ont secoué la planète. On y trouvait même des morceaux de bois fossilisés, arrachés à la côte par les tsunamis. Cerise sur le gâteau, le sommet du banc de sable sous-marin était gravé d'ondulations qui trahissaient les oscillations du courant qui avaient parcouru le golfe du Mexique dans un sens, puis dans l'autre, jusqu'à ce que la Terre finisse de résonner comme une cloche.

Le souvenir le plus frappant que je garde de cette expédition, c'est notre visite du site de El Peñon, 200 kilomètres au nord de l'Arroyo El Mimbral, dans la province de Nuevo León. On y retrouve le banc de sphérules à la base, surmonté de deux à trois mètres de sable compacté, mais surtout l'érosion a dégagé les ondulations au sommet, de sorte que l'on peut marcher dessus, comme sur une plage à marée basse : un témoignage émouvant du fond de la mer, tel qu'il s'était figé quelques heures après la catastrophe.

Le cimetière du Dakota

On pourrait se demander où sont les cadavres de tous les animaux qui ont été exterminés au moment de l'impact, et lors des quelques jours qui ont suivi.

Ce n'est pas si simple. La préservation de fossiles demande des conditions exceptionnelles. On n'en trouve que parce que des milliers de générations se sont succédé pour chaque espèce, et que sur autant de morts un certain nombre de

« chanceux » trépassés ont été correctement ensevelis, puis exhumés plus tard par l'érosion au bon moment pour que des paléontologues soient là pour les trouver. Or, l'impact n'a massacré que deux ou trois générations d'habitants de la planète. Que celles-là en particulier aient été préservées demande une bonne dose de chance.

Et pourtant. Lorsque j'ai prélevé des fragments de la couche d'argile K-T à Stevns Klint au Danemark, ce sont bien des restes de poissons exterminés par l'impact qui se sont écaillés entre mes doigts. Mais ce qui est plus étonnant encore, c'est l'extraordinaire trouvaille de cadavres beaucoup plus spectaculaires, dans le Dakota du Nord.

L'intérieur du continent nord-américain recèle de nombreux sites lacustres et fluviaux – argiles de fond de lacs et bancs de sable de rivières – qui ont préservé des fossiles et des empreintes de pas de dinosaures de la fin du crétacé. En suivant de telles strates prometteuses, à la frontière du Dakota du Nord et du Montana, le jeune paléontologue Robert de Palma et son équipe se sont focalisés, au cours des années 2010, sur une couche de sable et de boue consolidés, qui rappelait par son aspect un dépôt de tsunami. Le site, baptisé Tanis, se trouve non loin du rivage de l'ancienne mer intérieure qui remontait du golfe du Mexique jusqu'à proximité de la frontière canadienne. À Tanis même, on se trouvait plus précisément dans le lit d'une rivière qui descendait à l'époque vers le fond de baie de cette mer intérieure. La chance avait voulu que les sédiments déposés dans ce vallon recouvrent la fourchette temporelle des derniers jours du crétacé : on y retrouvait les sphérules retombées de la boule de feu de l'impact, à 3 000 kilomètres du point zéro, et la couche d'iridium symptomatique de la catastrophe. Mais ce que l'on trouvait surtout, c'était un extraordinaire trésor de fossiles : un cimetière d'animaux exterminés par l'impact, au-delà de tout ce que les paléontologues auraient pu espérer dans leurs rêves les plus fous.

Tout d'abord, il y avait là des poissons, et des gros : des esturgeons et des poissons-spatules, ensevelis en position « debout », plutôt que couchés sur leurs flancs, et légèrement courbés, signes indicateurs d'une mort par suffocation. La cause de leur mort a d'ailleurs sauté aux yeux des paléontologues, lorsqu'ils ont pratiqué l'autopsie des poissons : leurs branchies étaient fourrées de petites billes de verre, tombées du ciel lors de l'impact cosmique. Les poissons ont dû lutter quelque temps contre les courants qui ont agité leur rivière, car les sédiments qui emprisonnent leurs carcasses montrent deux pulsions de flux et de reflux des eaux, vers l'amont, puis vers l'aval : les chercheurs en ont conclu que les ondes du gigantesque séisme déclenché par l'impact dans le golfe du Mexique ont atteint l'extrémité de la mer intérieure au bout d'une quinzaine de minutes, mettant en branle le plan d'eau et envoyant des lames de fond remonter les rivières qui s'y jetaient. Ces pulsions d'eau salée ont apporté une kyrielle d'animaux marins – requins et ammonites en tête – qui sont venus se mêler aux poissons d'eau douce, crocodiles et tortues, en un funeste charnier. Attestant de la violence du courant, un fossile de tortue a même été retrouvé empalé sur une branche d'arbre.

Et ce n'est pas tout. Une foule d'animaux terrestres ont été fauchés par la crue soudaine des eaux et ensevelis avec leurs cousins aquatiques : la fouille minutieuse de la strate marquant la catastrophe, épaisse d'un bon mètre, a livré les restes de multiples espèces de dinosaures, y compris le squelette partiel d'un *Thescelosaurus*, si bien préservé que même la texture de sa peau était discernable. On y trouve aussi des fossiles de reptiles volants – les ptérosaures – ce qui fait du site de Tanis une extraordinaire ménagerie de la riche biosphère que l'impact a pratiquement réduite à néant.

Qui a dit que les dinosaures étaient sur le déclin à la fin du crétacé, et que l'impact n'avait fait que porter le coup de grâce à une biosphère en perte de vitesse ?

Pour en finir avec les volcans

Pour clore ce chapitre dramatique sur la fin des dinosaures, il est intéressant de revenir brièvement sur son aspect sociologique, à savoir pourquoi et comment le mythe que ces gros reptiles avaient décliné progressivement sur des millions d'années plutôt que brutalement sous le coup d'un accident cosmique a-t-il si longtemps perduré.

Un mythe, c'est une histoire extraordinaire acceptée telle quelle, qui ne peut être ni prouvée ni démentie. Or, en science, il faut prouver. Depuis qu'a été lancé le scénario d'un bouleversement de la biosphère causé par des éruptions volcaniques en Inde, aucune preuve avancée pour le soutenir n'a tenu bon. Quelles leçons en tirer ?

Tout d'abord, la proposition même de ce scénario n'a rien de négatif, bien au contraire. C'est à force de propositions, oppositions, débats et contre-expertises que la science avance, et le concept d'un volcanisme exterminateur n'est pas dénué d'intérêt. Il se peut d'ailleurs que d'autres éruptions monumentales aient ravagé la biosphère autrefois, notamment à la fin du permien, il y a 251 millions d'années, mais pour des raisons bien particulières, et cela est une autre histoire[1].

Pour la grande extinction de la fin du crétacé, toutefois, le score en faveur de l'impact est sans appel : il consiste en une avalanche de preuves, alors que jamais un point n'a été marqué dans le match par les tenants du volcanisme. Ces derniers, pour en sortir la tête haute, ont tenté de noyer le poisson (déjà bien noyé, comme on l'a vu à Tanis) : le volcanisme aurait affaibli la biosphère avant l'impact, sinon ce dernier n'aurait pas fait autant de dégâts – un postulat reposant sur l'assertion que le volcanisme en Inde avait connu un pic d'activité juste avant l'impact cosmique. Quelques années plus tard, de nouvelles datations des champs de lave ont suggéré au contraire que le pic d'activité a eu lieu *après*, plutôt qu'avant l'impact. Nouvelle proposition des partisans du volcanisme : si celui-ci n'a pas joué de rôle évident dans la grande extinction elle-même, il aurait toutefois freiné le rétablissement de l'écosystème après l'impact. Mais, là encore, aucune preuve ne vient étayer ce nouveau scénario.

Dans ces deux cas de figure – une fusion de la théorie du volcanisme avec celle de l'impact –, l'honneur aurait été sauf pour les tenants du volcanisme, comme si un consensus avait été atteint par les deux parties. C'est ce que nombre de médias, et le grand public, ont fini par croire. Mais ce n'est pas la réalité. Comme me l'a confié au sujet de cette affaire le géologue chinois Kenneth Hsu, rencontré lors de notre expédition au Mexique, la science n'est pas une démocratie :

1. Il se pourrait que le magma ait traversé des sédiments riches en carbone, relâchant de vastes quantités de gaz à effet de serre. Voir Frankel C., *Extinctions*, *op. cit.*

il y a ceux qui ont raison et ceux qui ont tort, et chercher un compromis n'est pas la règle à suivre.

Se cramponner à une hypothèse, lorsqu'elle prend l'eau, n'est d'ailleurs pas une bonne chose : on peut y perdre une grande partie de son objectivité. Il faut savoir se remettre en question. Comme le souligne l'astrophysicien Adam Frank : « Si des preuves de plus en plus nombreuses vont à l'encontre de l'idée que vous chérissez, abandonnez-la et passez à autre chose. La science nous apprend essentiellement quand et comment changer d'avis[1]. »

Il y a un aspect plus dérangeant dans cette histoire : on peut se laisser tenter par le fait de contester une théorie établie parce que cette opposition assure une certaine notoriété, sinon académique, du moins médiatique. Un petit pool d'opposants fait qu'une même personne appartenant à cette minorité est invitée proportionnellement plus souvent pour débattre à la radio ou à la télévision qu'un chercheur du camp devenu majoritaire car, dans celui-ci, les médias ont l'embarras du choix quant à qui inviter. S'y greffe aussi l'effet « David contre Goliath » : le public aime bien prendre parti pour le challenger, surtout lorsque la majorité en face se montre trop sûre d'elle-même, voire méprisante, un piège à éviter. Enfin, les médias aiment bien jouer le jeu, car, pour faire de l'audience, une controverse est beaucoup plus intéressante qu'une vérité établie.

J'ajouterai à cela une petite sonnette d'alarme. Qu'il y ait dissension dans une affaire scientifique peut aussi être encouragé par certains milieux industriels ou financiers, car cela

1. Frank A., *Extraterrestres. Ce que nous dit la science*, trad. Charles Frankel, Dunod, 2024.

permet d'étendre le doute à d'autres faits considérés comme scientifiquement prouvés – une sorte de révisionnisme scientifique. Rappelons-nous notamment comment l'industrie du tabac a financé des études démontrant l'innocuité de la substance, alors que toutes les recherches scientifiques non partisanes prouvaient le contraire.

Entretenir le doute ne prête pas trop à conséquence sur un sujet aussi peu important pour notre société que la mort des dinosaures, mais l'est beaucoup plus quand est contesté, par exemple, le rôle qu'a joué notre civilisation dans le changement climatique. Or, il est intéressant de noter que certaines des mêmes personnalités de la science française qui se sont opposées à la thèse d'un impact cosmique pour expliquer la mort des dinosaures ont refait surface, quelques années plus tard, pour nier la responsabilité de la civilisation humaine dans le réchauffement de la planète. Ce qui confirme mes soupçons que l'opportunisme médiatique joue un grand rôle dans l'obstination de certains chercheurs à soutenir des hypothèses bancales. La bonne nouvelle, c'est qu'en science, la vérité finit toujours par triompher.

3

C'est arrivé près de chez vous

Le 18 novembre 2001, je pris la route du désert avec mes amis Serge et Roland Péri, deux frères originaires de Marseille qui tenaient à Los Angeles un sympathique restaurant provençal. Dans le coffre de la voiture, nous avions tentes et barbecue, et quelques bonnes bouteilles, car nous avions rendez-vous avec Wilhelm Tempel et Horace Tuttle, ou plus précisément avec un astre qui porte leur nom : la comète Tempel-Tuttle. Les astronomes lèguent en effet leur patronyme aux comètes qu'ils découvrent, découverte faite dans ce cas par deux astronomes de manière indépendante, depuis des observatoires différents, en décembre 1865 et janvier 1866.

Ce n'était pas mon premier rendez-vous avec une comète. Quatre ans plus tôt, en mars 1997, j'avais eu la chance, comme tous mes contemporains à l'époque, d'admirer la comète Hale-Bopp, là aussi découverte conjointement par deux astronomes : Alan Hale et Thomas Bopp. Cette comète-là avait tenu et même dépassé ses promesses en se rapprochant de la Terre, en termes d'éclat et de beauté. L'instant où je l'ai vue pour la première fois restera à jamais gravé dans ma mémoire.

Je faisais route vers Flagstaff, dans le nord de l'Arizona, le ciel était dégagé, et tout en conduisant je cherchais à me repérer dans la nuit pour deviner de quel côté de la voiture se trouvait la comète : apparemment derrière moi. Par réflexe, je jetai un coup d'œil dans mon rétroviseur et la magie voulut que Hale-Bopp y apparaisse parfaitement cadrée, en une vision surréaliste, comme si elle me poursuivait...

Pluie d'étoiles dans le désert

En ce mois de novembre 2001, dans le désert de Mojave, le spectacle allait être différent. Cette fois, nous allions carrément traverser la trajectoire d'une comète – la comète Tempel-Tuttle en l'occurrence – et la traînée de poussières semée dans son sillage lors de son récent passage au large de la Terre, quelques années plus tôt.

À la différence des astéroïdes, qui sont de petits corps rocheux qui circulent pour la plupart entre Mars et Jupiter, les comètes sont des visiteuses venues des confins du Système solaire, depuis des milliards de kilomètres de distance. Ce sont des résidus glacés du nuage primitif qui a donné naissance au Soleil et aux planètes, et qui sont restés en marge du violent chaos qui a agité le cœur du Système solaire. Vestiges des origines, ces « boules de neige sale », comme on les appelle, demeurent dans leur essaim distant et invisible, jusqu'au moment où la roulette russe des perturbations gravitationnelles, dues par exemple au passage d'une étoile à proximité, les déloge de leur voie de garage pour les précipiter sur des trajectoires erratiques qui peuvent croiser la Terre. C'est ainsi, plusieurs fois par siècle, que nous voyons apparaître dans notre ciel nocturne un point de plus en plus lumineux qui se garnit, à proximité du Soleil qui la réchauffe, d'une queue étincelante de gaz et de poussières, avant de repartir sur son orbite elliptique vers son distant lieu de naissance. Parfois au contraire, elle raccourcit sa trajectoire et reste près du Soleil, ou bien encore se trouve éjectée de notre Système solaire pour errer à travers la Galaxie.

La comète Tempel-Tuttle, dont on attendait la pluie d'étoiles filantes ce soir-là, s'est calée pour sa part sur une orbite proche du Soleil, dont elle fait désormais le tour en trente-trois ans. On ne la croise pas souvent, heureusement, car on estime sa taille à quatre kilomètres, de quoi dévaster sur Terre, en cas d'impact, une région grande comme la France. Mais la mécanique céleste nous épargne : lors de son dernier passage « rapproché », en 1366, la comète est passée à plus de trois millions de kilomètres de la Terre, près de dix fois la distance qui nous sépare de la Lune.

Notre rendez-vous de 2001 se présentait pour sa part sous les meilleurs auspices. D'après les prévisions des astronomes, nous allions traverser l'orbite de la comète à l'emplacement d'une nuée assez compacte de ses poussières – un cru exceptionnel d'étoiles filantes – et de plus, par une nuit sans lune. Cette pluie d'étoiles filantes a pour nom les Léonides, car les flèches lumineuses semblent émerger de la constellation du Lion : c'est en effet dans cette direction du ciel que se trouve la trajectoire de la comète et de ses poussières.

Tente plantée en plein désert, nous avons préparé l'arrivée des Léonides à grand renfort de saucisses grillées et de vin californien. Un coucher de soleil sur le désert, c'est déjà magnifique, mais, dès la nuit tombée, la salve d'étoiles filantes tint ses promesses.

Il en tombait toutes les deux ou trois secondes, une cadence cent fois plus élevée que lors d'une nuit normale. Quant à l'intensité des frappes, elle était telle que certains météores illuminaient tout le désert, l'espace d'une seconde, laissant dans leur sillage un pétillement vert, comme une traînée de feu d'artifice.

L'expérience était d'autant plus envoûtante qu'elle était sans danger : contrairement à ce que l'on pourrait croire, les étoiles filantes sont des poussières minuscules, de la taille de grains de sel. Leur vive lumière est due à l'onde de choc qui comprime violemment les gaz de l'atmosphère terrestre sur leur passage.

Cette lumière est souvent blanche, mais, dans le cas des Léonides, nous avons eu droit à un spectacle en couleurs : l'azote et l'oxygène choqués le long de la trajectoire émettent du rouge, mais surtout du vert. La poussière minérale du projectile peut ajouter sa touche au tableau : une pointe de jaune si elle est riche en fer, d'orange si elle contient du sodium, voire du bleu et du violet, si le calcium et le magnésium s'expriment aussi.

Tout cela se passe à haute altitude, une centaine de kilomètres au-dessus de nos têtes : en une seconde, la poussière est vaporisée et il n'en reste que quelques particules microscopiques qui tombent lentement au sol. Si vous laissez ce livre ouvert à cette page suffisamment longtemps, il est fort à parier qu'une micrométéorite s'y posera en l'espace d'une vingtaine ou d'une trentaine d'années. Retenez votre souffle…

Si ce rythme paraît dérisoire, il prend une autre dimension lorsque l'on raisonne à l'échelle de la planète entière : selon les astronomes, il tombe de 2 000 à 5 000 tonnes de micrométéorites par an à la surface du globe : l'équivalent de 200 camions de matière cosmique. Dans ce bilan annuel, notre feu d'artifice des Léonides a contribué à donner à la Terre l'équivalent d'un plein camion de micrométéorites.

Ces échantillons cosmiques ne nous menacent pas, arrivant à notre niveau à l'état de flocons. Ce sont les météorites plus grosses qui posent problème, car, quoique plus rares, elles pénètrent l'atmosphère comme des balles de fusil. Elles peuvent frapper le sol, ou bien votre voiture, et l'histoire nous en a offert de nombreux exemples.

Morts et blessures par météorites

L'histoire de la Chine ancienne est particulièrement bien documentée, notamment sur les phénomènes naturels, et ce n'est donc pas une surprise si le continent asiatique est riche en témoignages de frappes cosmiques. Dès le premier millénaire de notre ère, on signale en Chine une « comète », le 14 janvier 616, qui aurait tué une douzaine de personnes.

Rebelote en 1341, dans la province du Yunnan, où plusieurs personnes et leurs bêtes sont mortellement frappées. Trois siècles plus tard, en 1639, c'est dans le district du Changshou qu'un impact tue plusieurs dizaines de personnes en plein marché.

En Europe aussi, il y a des cas documentés. Le 14 septembre 1511, à Cremone en Italie, une météorite aurait tué un moine, un mouton et plusieurs oiseaux ; et un siècle et demi plus tard, un autre moine aurait succombé à une frappe cosmique, cette fois à Milan en 1660. Pour la petite histoire, la France présente son propre cas historique en pleine Révolution française, le soir du 24 juillet 1790, lorsqu'une vive lumière blanche a survolé la Gironde et s'est désintégrée en une volée de météorites. Les fenêtres ont tremblé ; un fermier aurait été touché, ainsi que plusieurs de ses vaches. Un siècle plus tard, le 31 janvier 1879, la commune de Dun-le-Poëlier dans le Berry a subi une pluie similaire de météorites ; là aussi, la mort d'un homme est signalée.

Frappes au XXe siècle

Avec le bond en avant du journalisme au cours du XXe siècle, les signalements de frappes cosmiques sont devenus de plus en plus précis. C'est le cas de l'aventure arrivée à Ann Hodges, à Oak Grove dans l'Alabama, le 30 novembre 1954.

Peu avant 15 heures, alors qu'elle faisait la sieste sur son canapé, une météorite de la taille d'un pamplemousse a traversé son toit, rebondi contre un meuble et l'a frappée brutalement au flanc, lui causant une plaie assez sérieuse. Le météore responsable fut d'ailleurs observé dans le ciel, au-dessus de l'Alabama, chute accompagnée d'une série de sourdes détonations.

Ce n'est pas la seule fois qu'une météorite a frappé un domicile. Pas plus tard que le 3 octobre 2021, un projectile a percé le toit d'une maison en Colombie britannique, peu avant minuit, réveillant l'occupante en sursaut. Quelle ne fut pas sa surprise de découvrir une météorite d'un kilogramme et demi fichée entre ses deux oreillers.

Lorsqu'on épluche les archives, des dizaines de bâtiments ont été frappés par des météorites au cours des deux derniers siècles : une chambre et un mur touchés dans un temple chinois en 1844 ; un toit percé en Bohême en 1847 ; une frappe en 1850 sur le domicile de Mme Ho en Chine ; un toit en tuiles défoncé par une météorite en Lettonie en 1863 ; une bergerie en 1874, et encore des maisons touchées en 1879 en Chine ; un toit percé en Russie en 1893 ; rebelote en Afrique du Sud en 1906 ; une famille tuée par effondrement de leur toit en 1907 en Chine ; une grange trouée dans le Wisconsin en 1911 ; un toit détruit dans le Montana en 1916 ; puis en Ukraine en 1936, et au Japon en 1938 ; un garage touché dans l'Illinois la même année, avec une voiture garée transpercée de part en part.

Après la guerre, la liste continue : une chambre d'hôtel touchée au Pays de Galles en 1949 ; pas moins de cinq bâtiments frappés dans le Kentucky en 1950 ; une météorite qui pénètre un grenier à Kiel en Allemagne, en 1962 ; deux bâtiments touchés à Barwell en Angleterre en 1965 ; un toit d'ardoise percé en Ukraine en 1969 ; incrustation d'une météorite dans le plafond d'une maison à Wethersfield, Connecticut, en 1971 ; et, coïncidence assez rare pour être soulignée, nouvelle chute et nouveau toit abîmé dans la même ville onze ans plus tard en 1982. (Ne croyez plus que la foudre ne frappe jamais deux fois au même endroit !) Suivent une boîte à lettres frappée en Géorgie en 1984 – courrier cosmique en l'occurrence ; des bâtiments touchés au Japon en 1986 ; une maison transpercée de part en part au Japon en 1992.

Avec la croissance de la population, des habitations, et des informations, la liste ne fait que s'allonger d'année en année. Rien qu'au cours de la dernière quinzaine d'années – de 2007 à 2023 – il y a eu 25 cas de bâtiments frappés : immeubles, maisons, serres, garages, balcons, et même une niche de chien au Costa Rica, en 2019. De l'avis de Peter Brown, spécialiste à l'université de Western Ontario au Canada, un bâtiment quelque part dans le monde est touché par une météorite tous les deux ou trois mois.

Le calvaire des voitures

Il faut aussi mentionner les frappes de voitures. Preuve de leur grand nombre sur la planète, ainsi que de l'attention qu'on leur porte, les voitures ont eu leur lot de déconvenues, à commencer par un cabriolet américain frappé sur la route, le 10 décembre 1950, à Saint-Louis dans le Missouri, par une pierre tombée du ciel. Son conducteur crut d'abord à une crevaison de pneu, avant de remarquer de gros trous dans le toit de sa décapotable, et de découvrir des fragments de météorite sur la banquette arrière.

En 1965, c'est en Angleterre qu'une voiture est touchée ; et une autre frappe s'ajoute à la liste dans le Kentucky en 1977. Mais le cas le plus célèbre s'est déroulé à Peekskill, près de New York, le 9 octobre 1992.

Ce soir-là, un météore de couleur verte, de très forte luminosité, a surgi du sud, survolant Washington et Philadelphie, avant d'éclater au-dessus du New Jersey en une gerbe de projectiles, continuant leur route vers le nord. Cette trajectoire fut particulièrement bien documentée par le fait que le météore a été filmé depuis les stades de football où, en ce soir d'automne, plusieurs matchs étaient en cours et le public muni de caméras. Seize vidéos ont été recueillies de la descente du bolide.

L'impact a eu lieu dans la ville de Peekskill, au bord de l'Hudson : une jeune Américaine de 17 ans, Michelle Knapp, entendit sous ses fenêtres le fracas d'un accident de la circulation, avant de découvrir qu'il s'agissait de sa propre voiture garée dans la rue, une Chevrolet Malibu, qui s'était fait transpercer l'aile arrière.

Pour la petite histoire, Michelle Knapp, qui avait acheté sa voiture d'occasion 300 dollars, l'a revendue pour 25 000 dollars à un collectionneur qui l'exhibe aujourd'hui dans le monde entier : elle fut notamment exposée en 1996 devant l'entrée du Muséum national d'histoire naturelle de Paris, dans le cadre d'une exposition de météorites. Quant à la météorite elle-même, pesant 12 kilogrammes, Michelle Knapp put également la vendre à un bon prix : elle en tira 50 000 dollars.

Il y a également eu des fausses alertes. Deux ans après Peekskill, le 21 juin 1994 à Getafe en Espagne, une BMW s'est pris une pierre volante dans le pare-brise, ce qui a plié le volant et blessé les doigts du conducteur, avant que le projectile ne finisse sa course sur la banquette arrière. Grosse déception pour le conducteur lorsque les experts l'ont analysée et découvert que, chimiquement, la roche n'était pas une météorite, mais apparemment une scorie ferreuse de fonderie. Comment une telle pierre s'est mise à voler dans les airs pour frapper une automobile reste un mystère.

Des météorites certifiées, en revanche, ont percé le pare-brise d'une automobile en 1996 dans le Wisconsin ; frappé le toit d'un véhicule à l'arrêt en 2004, à Orlando en Floride ; touché une autre voiture stationnée, en 2009 à Grimsby au Canada ; et éclaté le parebrise d'un véhicule municipal à Draveil, au sud de Paris, en 2011[1].

1. D'après Albert Jambon et Brigitte Zanda ; https://www.researchgate.net/profile/Albert-Jambon/publication/278802870_La_meteorite_de_Draveil_la_65eme_chute_de_France/links/56094ed108ae576ce63e08f6/La-meteorite-de-Draveil-la-65e-chute-de-France.pdf

Le bolide de Tcheliabinsk

Nous prenons donc conscience du rythme non négligeable d'impacts de météorites dans notre vie de tous les jours, mais ce « bruit de fond » de notre exposition au cosmos n'affecte pas grand monde, et pas souvent. Il en est autrement – mais c'est heureusement beaucoup plus rare – lorsqu'un projectile, non pas de plusieurs décimètres, mais de plusieurs mètres, explose au-dessus d'une région et projette ses débris au sol. La puissance de ces explosions se chiffre en dizaines, voire en centaines de kilotonnes de TNT, comparable à celle de nos bombes atomiques.

Le parallèle avec nos bombes ne s'arrête pas là : ces frappes cosmiques furent recensées à l'échelle du globe par les satellites-espions des grandes puissances, chargés de détecter les essais nucléaires de l'ennemi. Il fallut d'ailleurs trouver rapidement un algorithme pour différencier les vrais essais de bombes atomiques de leurs fausses alertes cosmiques.

Tous les ans en moyenne, un objet de la taille d'une grosse malle percute l'atmosphère avec une énergie de l'ordre de la kilotonne de TNT. Ce sont de brillants bolides, comme celui qui a survolé l'Espagne et le Portugal le 18 mai 2024, mais ils explosent trop haut dans l'atmosphère pour créer de réels dégâts au sol.

Tous les dix ans en moyenne, la Terre ramasse sur son passage un objet encore plus gros, mais heureusement plus rare, de l'ordre de 10 mètres : celle d'un gros camion. Au moment de son impact avec l'atmosphère et de sa désintégration, vers 30 kilomètres d'altitude, sa puissance explosive atteignit 50 kilotonnes de TNT : trois fois la bombe d'Hiroshima. De telles frappes très lumineuses ont eu lieu notamment en 2009, au-dessus de l'île de Célèbes en Indonésie ; et une explosion encore trois fois plus puissante au-dessus du Kamchatka et de la mer de Béring, en 2018. Mais le record du siècle appartient pour l'instant à la déflagration qui a illuminé le ciel de Tcheliabinsk en Russie, le 15 février 2013, et qui illustre la violence de ces rencontres décennales.

Ce jour-là, à 9 h 20 du matin très exactement, un astéroïde de 20 mètres – un calibre plus proche de la maison que du camion – est arrivé de l'est à la vitesse de 30 kilomètres par seconde, trois fois celle d'un missile, pour exploser à une trentaine de kilomètres d'altitude au sud de la ville de Tcheliabinsk en Sibérie occidentale.

La désintégration du bolide créa un flash lumineux aussi brillant qu'un plein soleil, tirant brusquement Tcheliabinsk de son morne matin d'hiver, accompagné d'une déflagration sonore et d'une onde de choc, le tout totalisant 500 kilotonnes de TNT, soit trente fois la bombe d'Hiroshima : le calibre standard de nos bombes atomiques actuelles.

Par chance, l'explosion eut lieu suffisamment loin et suffisamment haut au-dessus de la ville de plus d'un million d'habitants pour limiter les dégâts. Il n'en demeure pas moins qu'il y eut plus de 1 500 blessés, dont une bonne centaine durent faire un crochet par l'hôpital. Les blessures étaient légères, principalement des coupures dues aux éclats de verre, lorsque l'onde de choc est venue frapper les fenêtres des immeubles.

Cet événement de Tcheliabinsk est à la limite de l'acceptable, en termes de dégâts et de menaces sur la population. En montant vers des objets, non pas de 20, mais de 50 mètres, plus rares encore, mais qui frappent une à deux fois par millénaire, l'événement devient dangereux, voire mortel à l'échelle d'une ville entière, si par malheur l'astéroïde impacte une zone peuplée.

7. Météore de Tcheliabinsk

La trace de l'explosion d'un astéroïde dans la haute atmosphère, au-dessus de la ville de Tcheliabinsk en Russie, le 15 février 2013, blessant plus de mille personnes. (© Uragan TT/Wikimedia CC BY-SA 3.0 ; https://commons.wikimedia.org/wiki/File:A_trace_of_the_meteorite_in_Chelyabinsk.JPG)

8. Château de Rochechouart

Le château de Rochechouart, en Haute-Vienne, est bâti en brèches d'impact : des roches extraordinaires créées par la chute d'un astéroïde, il y a 215 millions d'années. (© C. Frankel)

Toungouska : l'impact du millénaire

Le hasard a voulu qu'un tel impact millénaire ait eu lieu récemment, le 30 juin 1908, frappant heureusement une zone peu peuplée, mais laissant tout de même des témoignages spectaculaires qui ont grandement intrigué les savants de l'époque. La révolution en Russie, jumelée aux difficultés d'accès, n'a pas permis de monter une expédition sur le site avant 1927.

C'est en effet en plein centre de la Sibérie, dans les collines surplombant le fleuve Toungouska, que le projectile de 50 mètres de taille, grand comme un immeuble, a surgi du sud-est dans le ciel du matin. Les témoins décrivent un bolide bleu aussi lumineux que le Soleil, explosant à l'horizon en une boule de feu qui a illuminé en rouge le paysage en contrebas.

L'explosion du bolide a eu lieu beaucoup plus bas dans l'atmosphère que celle de Tcheliabinsk et d'autres projectiles moins massifs. Plutôt qu'exploser à 30 kilomètres d'altitude, le bolide de Toungouska, abordant la Terre à une vitesse estimée à 27 kilomètres par seconde, a pénétré jusqu'à 10 kilomètres d'altitude, peut-être même moins, avant d'exploser en une décharge d'énergie et de fragments, d'une puissance comprise entre 10 et 30 mégatonnes de TNT. La déflagration est comparable à la plus grosse explosion thermonucléaire jamais testée par les Américains, en 1954 dans l'atoll de Bikini.

C'est avec une force phénoménale que l'onde de choc et le souffle brûlant de l'explosion ont ravagé la taïga sibérienne. Les arbres ne sont restés debout qu'à la verticale du point zéro, amputés de leurs branches et calcinés, alors qu'autour, ils ont été soufflés à terre comme des allumettes dans un rayon de 40 kilomètres – 80 millions d'arbres abattus – avec des traces de destruction visibles jusqu'à 100 kilomètres du point zéro. La détonation fut entendue jusqu'à 1 500 kilomètres de distance, comme si une déflagration à Londres était entendue à Rome.

Par chance, donc, la région était très faiblement peuplée. Seuls plusieurs nomades du peuple toungouse, éleveurs de rennes, ont eu le malheur de se trouver dans le périmètre de destruction, en ce matin du 30 juin 1908. Leurs témoignages font état de trois morts parmi eux, sans compter les troupeaux de rennes massacrés, le souffle projetant hommes et bêtes contre les arbres. Dans le plus proche village, le comptoir de trappeurs de Vadecara, à une soixantaine de kilomètres du point zéro, les vitres ont volé en éclat, et les villageois qui se trouvaient dehors ont été projetés à terre par le souffle.

Ainsi, la frappe d'un tel bolide – tous les mille ans en moyenne – affecte notre civilisation sur un espace grand comme un département. La menace est toutefois diluée par le fait qu'un très faible pourcentage de la Terre est densément peuplé, et que le projectile a beaucoup plus de chance de frapper un océan, la taïga ou le désert, qu'une métropole. C'est heureux, car une frappe du calibre de la Toungouska en 1908 sur une ville comme Londres, Paris ou New York anéantirait la cité et ses habitants.

Peut-on prévoir ces frappes en avance, et avons-nous les moyens de les neutraliser ? C'est possible, et nous y reviendrons. À ce stade, rappelons simplement qu'une telle menace ne se présentera qu'une ou deux fois par millénaire, avec des effets locaux.

Les conséquences d'un impact s'aggravent avec des projectiles encore plus gros, mais le péril est contrebalancé par le fait que leurs impacts sont encore plus rares. C'est en effet une fois tous les 10 000 ans en moyenne qu'un objet de 150 mètres de diamètre – la taille du Stade de France – percute la Terre. De tels impacts libèrent une énergie équivalente à 500 mégatonnes de TNT, soit celle de 1 000 de nos bombes nucléaires actuelles, affectant une surface grande comme la France. Selon la région frappée, le bilan pourrait atteindre aujourd'hui plusieurs centaines de milliers à plusieurs millions de victimes, ce qui hisserait l'événement au rang de plus grand cataclysme naturel jamais essuyé par la civilisation humaine. Même une frappe au milieu d'un océan ferait des centaines de milliers de morts à l'époque actuelle, en propulsant des tsunamis dévastateurs sur nos côtes surpeuplées.

Comme un impact de cette taille survient tous les 10 000 ans en moyenne, quand est-ce que le dernier a eu lieu, et trouve-t-on sa trace sur le globe ? Pour répondre à cette question, archéologues et géologues ont passé les couches sédimentaires des derniers millénaires au peigne fin, à la recherche d'indices qui indiqueraient si un impact d'une telle ampleur a eu lieu au cours de l'histoire humaine.

La civilisation humaine ébranlée ?

Les chercheurs se sont penchés sur un événement particulier qui s'est déclenché il y a 12 850 ans : une vague de froid relançant l'âge glaciaire en cours, et qui a duré plus d'un millénaire, avant que notre planète ne vire de bord et entame, il y a 11 650 ans, un réchauffement interglaciaire qui a mené à l'essor de la civilisation humaine.

L'analyse des sols qui se sont formés lors de cet important

soubresaut climatique a convaincu plusieurs chercheurs qu'un agent cosmique en fut la cause. Ils y ont vu des anomalies d'iridium, comme pour la couche K-T de la fin des dinosaures, assorties d'autres indices suggérant un impact, notamment des teneurs élevées en carbone de combustion en Amérique du Nord, comme si des feux de forêt dévastateurs avaient balayé le continent.

Cet épisode de refroidissement, étalé sur 1 200 ans, est baptisé le Dryas récent. Le Dryas au sens large comprend deux pics de refroidissement antérieurs, mais le dernier est le plus important, qui a fait plonger la température de l'hémisphère Nord de 7 °C.

Avec cette crise climatique en toile de fond, deux autres événements majeurs se sont déroulés sur Terre à cette époque, à commencer par l'expansion de la civilisation humaine, notamment en Amérique du Nord où elle prend le nom de culture Clovis, du nom d'un site archéologique au Nouveau-Mexique. Cette civilisation, caractérisée par des pointes de flèche allongées et cannelées, fleurit il y a 13 000 ans à travers tout le continent, puis les artefacts de cette civilisation disparaissent au bout de deux millénaires, il y a environ 11 000 ans, remplacés par des objets de styles différents, auxquels les archéologues ont donné le nom de culture Folsom.

L'autre événement majeur fut l'effondrement de la mégafaune. De nombreuses espèces animales de grande taille, comme les mammouths et les paresseux géants, disparaissent à une époque similaire, alors qu'ils avaient survécu sans problème apparent aux précédents épisodes glaciaires.

Ce sont ces mystères croisés qu'a tenté de résoudre l'Américain Richard Firestone, chercheur en physique nucléaire, en publiant un livre choc en 2006, intitulé *Le Cycle des catastrophes cosmiques. Comment une comète à l'âge de pierre a changé le cours de la culture humaine*[1]. Cet ouvrage, coécrit avec le géologue américain Allen West et l'auteur australien Simon Warwick-Smith, décrit comment un noyau de comète, désintégré en une rafale de projectiles, a bombardé la Terre au Dryas récent, avec des frappes en Amérique du Nord, Amérique du Sud, Europe et Moyen-Orient. Les indices avancés sont multiples : sphérules minérales riches en fer, microdiamants, carbone de combustion, et proportions inhabituelles de métaux rares, comme l'iridium et l'osmium, le tout attribué à la salve d'impacts en question.

L'hypothèse a fait grand bruit lors de sa sortie, avec toutefois un bémol : elle a été publiée sous forme de livre pour le grand public, avant de passer au crible de la vérification scientifique, qui se fait en principe au sein des revues officielles. Puis, lorsque les planétologues, archéologues et autres spécialistes sont allés sur le terrain vérifier les observations et les analyses des auteurs du livre, ils ne sont pas parvenus aux mêmes résultats, peinant à trouver les preuves d'impact avancées. En fait, une très large partie de la communauté scientifique s'accorde à dire que les arguments mis en avant par Firestone et consorts reposent sur des analyses contestables et difficiles à vérifier.

Aujourd'hui, l'hypothèse résiste tant bien que mal, leurs auteurs s'étant regroupés en un « Groupe d'étude des comètes », enrôlant un maximum d'universitaires – une soixantaine – pour asseoir leur crédibilité, mais ils ont déjà

1. *The Cycle of Cosmic Catastrophes. How a Stone-Age Comet Changed the Course of World Culture*, Bear and Company, 2006 ; pas d'édition en français.

mis de l'eau dans leur vin, soulignant que les membres de leur groupe ne soutiennent pas tous le scénario de l'impact. Du reste, ses fondations mêmes vacillent : les extinctions de la mégafaune se déroulent sur des milliers d'années, plutôt qu'à un moment précis ; et la population humaine ne s'est pas effondrée brusquement non plus à l'époque, les archéologues ne voyant dans le remplacement de la culture Clovis par la culture Folsom qu'une transition banale, parmi d'autres, dans l'histoire du peuplement de l'Amérique du Nord.

La menace des comètes

Cet impact du Dryas étant aujourd'hui démenti (jusqu'à preuve du contraire), la civilisation humaine aurait-elle échappé pour l'instant à l'agression cosmique de 500 mégatonnes de TNT que nous aurions dû essuyer au moins une fois en 10 000 ans, d'après les calculs de probabilité ?

L'hypothèse d'une rafale de débris cométaires, en particulier, frappe d'autant plus l'imagination qu'elle se nourrit de peurs ancestrales. Astres mystérieux, apparaissant sans préavis dans le ciel nocturne, les comètes ont d'abord été considérées comme de mauvais présages, bien avant que ne se développe la crainte d'un passage trop proche ou d'un impact. C'est Isaac Newton qui a entrevu le premier un tel scénario catastrophe, intuition reprise par Pierre Louis de Maupertuis au siècle des Lumières, dans sa *Lettre sur la comète de 1742*, en spéculant qu'un tel astre, « en rapportant des exhalaisons brûlantes et mortelles, causera aux habitants de la Terre les malheurs qui leur sont prédits à la fin du monde, et enfin l'incendie universel qui doit consumer cette malheureuse planète ».

Mais de Maupertuis eut soin de rajouter : « La durée de notre vie étant aussi courte qu'elle l'est, l'expérience que nous avons, que dans plusieurs milliers d'années il n'est arrivé à la Terre aucun accident de cette espèce, suffit pour nous empêcher de craindre d'en être les témoins et les victimes. » Cette considération temporelle est bien vue de la part du grand physicien, mais n'efface pas pour autant la menace à long terme.

Les impacts de comètes viennent donc s'ajouter à ceux des astéroïdes, les spécialistes spéculant qu'ils comptent pour un tiers dans le total des frappes subies par la Terre, contre deux tiers pour leurs homologues rocheux. L'une des raisons pour laquelle cette proportion est relativement basse est qu'une grande partie des comètes fusant vers l'intérieur du Système solaire sont interceptées par la massive planète Jupiter qui joue le rôle de « goal volant ». D'une superficie 120 fois plus grande que la Terre, Jupiter intercepte au minimum 120 fois plus de comètes, un ratio augmenté par le fait que la planète géante creuse un champ gravitationnel énorme qui infléchit la trajectoire des comètes vers elle. De ce fait, le nombre d'impacts y serait plutôt 1 000, voire 2 000 fois plus élevé que ceux subis par la Terre. En d'autres termes, si un impact cométaire de plusieurs centaines à plusieurs milliers de mégatonnes de TNT n'a lieu qu'une fois sur Terre tous les 10 000 ans en moyenne, un impact équivalent doit affecter Jupiter approximativement tous les 10 ou 20 ans : au cours d'une vie humaine, on devrait pouvoir en observer le spectacle !

Ce fut chose faite le 19 juillet 2009, lorsque avec son télescope de 36 centimètres d'ouverture l'astronome amateur Anthony Wesler photographia depuis son jardin en Australie un sombre nuage de débris, grand comme l'océan

Pacifique, flottant dans l'atmosphère de Jupiter. D'après sa taille, la comète responsable devait mesurer plusieurs centaines de mètres de diamètre et l'énergie de l'impact dépasser 10 000 mégatonnes de TNT. Un tel impact sur Terre creuserait un cratère de 10 kilomètres de diamètre et ravagerait un pays grand comme la Suisse ou la Belgique.

Plus spectaculaire encore, les astronomes eurent la chance d'observer sur Jupiter un impact considérablement plus violent, de l'ordre de 20 millions de mégatonnes de TNT, qui ne devrait se produire, selon les statistiques, qu'une fois tous les 5 000 ans sur la planète géante : une aubaine inespérée, qui soulève même des doutes quant à la justesse des statistiques, car comment croire qu'un tel impact choisisse précisément notre époque, et la décennie même où faisait rage notre enquête sur la mort des dinosaures, pour s'offrir à nos yeux ? La fréquence des impacts sur Jupiter serait-elle encore plus élevée qu'on veut bien le croire ? C'est mon opinion, car je ne crois pas à des coïncidences aussi heureuses.

Cet événement extraordinaire eut lieu en juillet 1994, et la comète responsable porte un nom : Shoemaker-Levy 9.

Il est d'usage que les comètes reçoivent le nom de leurs découvreurs, en l'occurrence un trio d'astronomes pour celle-ci : les Américains Eugène et Carolyn Shoemaker, et le Québécois David Levy, qui travaillaient ensemble à l'observatoire du mont Palomar en Californie, photographiant le ciel à intervalles réguliers et comparant les images, afin de détecter tout objet inconnu se déplaçant sur le fond étoilé. L'équipe avait déjà détecté huit comètes de cette manière en trois ans, mais la neuvième sortait du lot : sur la photographie prise le 24 mars 1993, elle se présentait sous la forme d'un train de plusieurs points brillants que les astronomes comparèrent à un collier de perles. Tout aussi étonnant, l'ensemble se trouvait à quatre degrés d'angle seulement de la planète Jupiter. Il ne fallut que quelques images et calculs supplémentaires pour comprendre qu'il s'agissait d'une comète éclatée en morceaux, qui venait d'être capturée « au lasso » par Jupiter sur une trajectoire qui allait l'amener à s'écraser sur la planète géante seize mois plus tard.

Fidèle aux prévisions, la salve de fragments cométaires – une vingtaine d'éléments, matriculés de A à W, dispersés sur plus d'un million de kilomètres – commença à impacter la planète géante le 16 juillet 1994, rafale qui dura cinq jours et demi jusqu'au 22 juillet. Les impacts eurent lieu sur la face cachée de Jupiter, près du pôle Sud, mais la sonde spatiale *Galileo* se trouvait du bon côté pour recueillir des images en direct ; du reste, la rotation de la planète en moins de dix heures présenta rapidement le résultat des impacts aux télescopes sur Terre, montrant des boules chaudes de gaz et de poussière grimpant au-dessus de l'atmosphère jovienne, alors que de larges taches sombres s'étalaient dans l'atmosphère en question.

Ainsi, l'impact du premier fragment « A » de la rafale, observé par la sonde, prit la forme d'une boule de feu dont la température fut estimée à 24 000 kelvins (équivalents aux degrés Celsius) et qui grimpa 3 000 kilomètres au-dessus de l'atmosphère, suivie quelques minutes plus tard par une seconde élévation de température, plus modeste, correspondant à la retombée des particules et venant confirmer, s'il en était besoin, l'effet rôtissoire que la Terre essuya lors de l'impact de la fin des dinosaures. Quant à la tache sombre qui se propagea autour du point zéro, à la suite des retombées, elle atteignit un diamètre de 6 000 kilomètres.

Mais ce n'était qu'un début, ce premier projectile ne

mesurant selon les calculs que 500 mètres « seulement » de diamètre. Ce furent les septième, dixième et onzième fragments, matriculés G, K et L, qui causèrent les plus grosses perturbations, avec des taches atteignant 12 000 kilomètres de large, soit la taille de la Terre. Ces projectiles-là devaient mesurer un bon kilomètre de diamètre, leurs impacts libérant chacun une énergie de l'ordre de 6 millions de mégatonnes de TNT.

Au total, en intégrant tous les fragments, les astronomes estiment que la comète initiale, avant de se scinder, devait mesurer près de deux kilomètres de diamètre, et l'énergie cumulée des impacts dépasser 20 millions de mégatonnes de TNT[1].

Un impact en France

Pour en revenir à la Terre, l'impact d'un objet de taille kilométrique affecte notre planète bien moins souvent que Jupiter, non pas une fois tous les quelques siècles, mais une fois tous les 500 000 ans à un million d'années, et avec une violence moindre, puisqu'il s'agit la plupart du temps d'un « lent »

1. De nombreuses estimations ont été publiées, quant à la puissance des impacts causés par les fragments de la comète Shoemaker-Levy 9. Seul l'impact du fragment G a été modélisé dans le détail (6 millions de mégatonnes de TNT). L'estimation de 20 millions de mégatonnes de TNT pour l'ensemble des fragments est la mienne, obtenue en intégrant mes estimations pour chaque fragment. À noter qu'à diamètre égal, un astéroïde ou une comète impacte Jupiter avec beaucoup plus de violence que lors d'une collision avec la Terre, car l'attraction de la planète géante, et donc la vitesse du projectile, est plus élevée en moyenne.

astéroïde, nous percutant à la vitesse moyenne de 20 kilomètres par seconde, plutôt que d'une rapide comète. L'énergie dégagée est quand même de l'ordre de 100 000 mégatonnes de TNT (soit 200 000 bombes nucléaires), et le cratère résultant mesure aux alentours de 20 kilomètres de diamètre.

Rappelons, et c'est rassurant, que dans la plupart des cas un impact sur Terre a lieu en plein océan – les mers recouvrant les deux tiers du globe – ou une région désertique ou relativement peu peuplée. Pour mieux cerner la menace, estimons la probabilité qu'un tel impact frappe la France, par exemple. Avec une superficie d'environ 500 000 kilomètres carrés, le pays représente 0,1 % de la surface du globe : il n'y a donc qu'une chance sur mille qu'un astéroïde donné percute la France. Si des objets d'un kilomètre frappent la Terre tous les 500 000 ans, on devrait donc s'attendre, sauf acharnement particulier, que la France soit touchée une fois seulement en l'espace de 500 millions d'années. Or, c'est justement le laps de temps durant lequel le pays existe dans sa configuration actuelle, par jonction de plaques tectoniques durant le silurien et le dévonien. On peut donc spéculer que la France a pu être touchée une fois par un astéroïde d'un kilomètre de taille au cours de son histoire.

Et comme la chance ou la malchance le voudrait, ce fut effectivement le cas.

Le résultat ne crève pas l'écran, pour ainsi dire, car l'impact eut lieu, avec une louable volonté de coller aux valeurs moyennes des probabilités, pratiquement au beau milieu de l'intervalle de temps considéré, il y a 207 millions d'années selon les dernières estimations. Comme le cratère résultant n'a pas été protégé par une chape ultérieure de sédiments, comme ce fut le cas du Chicxulub au Mexique, l'érosion l'a raboté au point de le rendre méconnaissable, et il a fallu une grande perspicacité aux géologues pour le démasquer, d'autant qu'ils l'ont fait à une époque héroïque – les années 60 – lorsque la science des impacts en était à ses balbutiements.

Il y a deux siècles déjà, en 1808, les géologues avaient repéré de curieuses roches faites de fragments amalgamés – des brèches – prises d'abord pour des roches volcaniques, dans les communes de Chassenon et Rochechouart, à la frontière de la Charente et de la Haute-Vienne, à une cinquantaine de kilomètres à l'ouest de Limoges. C'est le géologue François Kraut (1907-1983), du Muséum national d'histoire naturelle, qui comprit en 1967 la nature des curieuses déformations observées au microscope dans les roches en question. Elles confortaient le géologue dans son opinion que ces brèches étaient similaires à celles d'un cratère en Allemagne, dont l'origine météoritique venait d'être démontrée sept ans auparavant par Eugène Shoemaker, le codécouvreur de la comète Shoemaker-Levy 9 et l'un des plus grands experts mondiaux des cratères d'impact.

Notons que ce cratère du Ries, une centaine de kilomètres à l'est de Stuttgart, est de la même taille que celui de Rochechouart, mais beaucoup plus récent : son astéroïde a frappé l'Allemagne il y a 14 millions d'années seulement, laissant une dépression circulaire encore bien visible, large de 25 kilomètres, ce qui a facilité son identification. Le cratère de Rochechouart, à la morphologie presque entièrement effacée, devait afficher un diamètre similaire.

Mais revenons à sa découverte. Rencontrant ses homologues allemands, François Kraut eut du mal à les intéresser à son candidat français, mais suscita la curiosité du planétologue américain Bevan French du centre Goddard de la

NASA, qu'il parvint à faire venir sur place en août 1969, un mois seulement après l'alunissage d'Apollo 11, alors que le spécialiste était chargé d'analyser les roches rapportées par les astronautes, ce qui constitue un bel effort de persuasion.

J'ouvre ici une parenthèse pour préciser que j'ai eu la chance de rencontrer tant Eugène Shoemaker que Bevan French. Eugène Shoemaker était vénéré par la communauté internationale comme le plus grand planétologue de sa génération, un véritable « dieu vivant » de la discipline. J'ai cherché à l'inviter en France pour un congrès, mais le destin en voulut autrement : il se tua dans un accident de voiture en 1997, alors qu'il explorait un cratère d'impact en Australie.

J'ai pu passer plus de temps avec Bevan French (né en 1937), petit homme effacé et discret, mais lui aussi un géant dans sa discipline, qui a publié en 1998 la bible de nos connaissances sur les cratères d'impact et comment les reconnaître : *Traces of Catastrophe*[1].

C'est donc Bevan French qui confirma la nature météoritique du site de Rochechouart lors de sa visite en 1969, découvrant notamment avec ses collègues les fameux cônes de percussion qui trahissent dans les roches l'immense pression auxquelles elles ont été soumises. Pour la petite histoire, alors qu'ils les cherchaient en vain dans les affleurements rocheux en pleine nature, et qu'ils se morfondaient d'avoir fait chou blanc, adossés au mur d'une maison, ils virent les striations coniques tant convoitées leur sauter aux yeux dans les moellons du mur en question, ce qui déclencha l'hilarité générale.

1. French B., *Traces of Catastrophe*, Lunar and Planetary Institute, Houston, 1998 ; https://www.lpi.usra.edu/publications/books/CB-954/CB-954.pdf

C'est le conseil que je donne à mes étudiants : avant de s'enfoncer dans la brousse, qu'ils se rendent à l'église. Non pas pour prier, mais pour ouvrir les yeux : les bâtisseurs choisissent en effet les pierres les plus belles de la région, et le mur d'une église ou d'un château constitue souvent une véritable exposition de la géologie locale.

Rochechouart et les communes limitrophes l'illustrent parfaitement. Son château, achevé au XVe siècle, est bâti avec de magnifiques roches d'impact que l'on peut admirer de près dans les murs de la cour intérieure, tout comme on peut les scruter dans les murs de l'église. Certaines des roches les plus belles sont concentrées dans les hameaux voisins : des roches rouges dans les vieilles fermes de Montoume, et des roches vert pistache autour du village de Chassenon. Toutes ont été façonnées par la déflagration de l'impact qui a projeté les roches locales vers le ciel en les mélangeant à l'astéroïde vaporisé, avant qu'elles ne retombent : les brèches rouges sont riches en oxyde de fer météoritique, et les brèches vertes en oxyde de nickel.

Toutes ces brèches ont en commun d'avoir été fracassées, donc d'être relativement poreuses et de ce fait moins denses que les roches ordinaires. Non seulement plus belles, mais aussi plus légères, elles ont d'autant plus intéressé les bâtisseurs, et ce dès l'Antiquité. C'est en effet à Chassenon que s'élèvent les ruines de l'un des plus beaux thermes de l'époque gallo-romaine, Cassinomagus, édifié au IIe siècle de notre ère.

Quelques centaines de mètres au sud d'un temple et d'un théâtre antique, les thermes recouvrent près de deux hectares, avec un parcours conçu pour les curistes ordinaires et un autre pour les athlètes, enchaînant tepidarium, frigidarium, piscine couverte et piscine extérieure. Ils sont construits en marbre et en calcaire, mais surtout en roches d'impact, dont les fameuses brèches vertes qui donnent à l'ensemble une teinte d'une grande douceur.

Les thermes de Cassinomagus, tout comme le village de Rochechouart, sont des lieux qu'il vous faut absolument visiter si vous passez dans la région, voire l'objectif d'un voyage dédié, d'autant que l'association Pierre-de-Lune, fondée en 1993, a développé un espace muséographique au centre du village, devenu Maison de la Réserve naturelle-Espace météorite Paul Pellas, qui propose des excursions sur les sites remarquables où l'on peut admirer les roches d'impact et les carrières qui les ont exploitées[1].

La morphologie initiale du cratère, on l'a dit, a complètement disparu, rabotée par l'érosion, et les collines et vallons qui l'ont remplacé respirent aujourd'hui la tranquillité. En revanche, il ne fallait pas être dans le coin le jour J, il y a 207 millions d'années.

C'était l'époque du trias, lorsque la France était encore accolée à l'Amérique dont elle allait bientôt se séparer avec l'ouverture de l'Atlantique nord. Le niveau marin était plus élevé qu'aujourd'hui, et des bras de mer envahissaient la contrée, le site de Rochechouart devant se trouver non loin du rivage, voire sous quelques mètres d'eau. De denses forêts s'élevaient dans l'arrière-pays, parcourues par les premiers dinosaures, tels les platéosaures, dont le règne ne faisait que commencer et qui allait se terminer, comme on l'a vu, 150 millions d'années plus tard avec un impact autrement plus violent au Mexique.

1. Espace météorite Paul Pellas à Rochechouart, 16, rue Jean Parvy (05 55 03 02 70) ; https://www.facebook.com/RNNastrobleme/ ; pour la visite des thermes de Cassinomagus (Chassenon), https://www.cassinomagus.fr

Déjà, pour les dinosaures des futures régions du Poitou-Charentes et du Limousin, le petit astéroïde allait faire le ménage, délivrant une énergie de l'ordre de 100 000 mégatonnes de TNT lors de l'impact, l'équivalent de 20 millions de bombes d'Hiroshima. Les modèles informatiques indiquent qu'une telle énergie a enflammé la végétation jusqu'à 50 kilomètres du point zéro, et l'a soufflée et dévastée – tout comme sa faune – jusqu'à 200 kilomètres de distance. À 300 kilomètres, la bourrasque brûlante atteignait encore la force d'un ouragan, dinosaures et autres animaux subissant des brûlures au deuxième degré. Ainsi, pas loin de la moitié de la France fut affectée par l'impact.

Aujourd'hui, un tel cataclysme détruirait non seulement la moitié du pays, mais mettrait à bas son économie tout entière et, par effet domino, chamboulerait l'économie mondiale. Les politiciens l'ont bien compris, notamment les commissions chargées d'évaluer les risques, tenants et aboutissants d'un impact cosmique. Ces commissions ont estimé qu'un astéroïde d'un kilomètre de taille représente un risque « inacceptable » pour notre civilisation.

On ne peut guère se rassurer en brandissant le calcul de probabilités qu'un tel impact n'a lieu qu'une fois tous les 500 millions d'années en France, ou une fois par million d'années sur la Terre en général, soit une chance sur 10 000 qu'il ait lieu quelque part sur notre planète durant le siècle en cours. Une chance sur 10 000, ce n'est pas rien. C'est d'autant moins rassurant qu'une probabilité ne représente qu'une moyenne grossière sur le long terme : rien n'empêche dix astéroïdes de cette taille de venir pilonner la Terre une fois par siècle au cours du prochain millénaire, suivi par un calme déroutant pendant les dix millions d'années à suivre.

Finalement, pour en avoir le cœur net, il n'y a qu'une solution : repérer tous les astéroïdes d'un kilomètre qui croisent périodiquement l'orbite de la Terre, et calculer d'après leurs trajectoires si l'un d'entre eux a une chance de nous percuter dans un avenir prévisible. Le cas échéant, peut-on faire quelque chose pour éviter le projectile ou protéger la population ?

4

Comment se protéger

Afin de dormir sur nos deux oreilles, il serait prudent d'identifier dans l'espace tous les astéroïdes menaçants, et de s'assurer qu'aucun d'entre eux n'est sur une trajectoire de collision avec la Terre.

L'entreprise est titanesque : les astéroïdes pullulent, et ils sont très sombres, ne réfléchissant pas plus la lumière que des blocs de charbon. Ce n'est pas étonnant qu'il ait fallu attendre 1801 pour que soit découvert le premier d'entre eux, baptisé Cérès, alors qu'il mesurait pourtant près de 1 000 kilomètres de taille. On comprend l'immense difficulté de repérer aujourd'hui des astéroïdes 1 000 fois plus petits.

C'est pourtant ce défi qu'ont relevé les astronomes. Et s'il fallait n'en retenir qu'un, qui a marqué l'histoire de cette traque cosmique, ce serait Tom Gehrels (1925-2011).

Son parcours est digne d'un roman, et même d'un roman d'espionnage. Né aux Pays-Bas, Tom Gehrels a 15 ans lorsque son pays est envahi par l'armée du IIIe Reich. Il rejoint immédiatement la résistance, gagne Londres où il est formé par les services secrets britanniques, et revient parachuté dans son pays natal où il espionne l'armée allemande et participe à des missions de sabotage. Élégant de surcroît, avec ses yeux bleu délavé et son sourire charmeur, on n'a aucun mal à l'imaginer dans un film de James Bond. En 1960, émigré aux États-Unis, il rejoint l'université de l'Arizona et se lance dans des expériences d'avant-garde, lançant des ballons-sondes depuis le fond d'un canyon. Leurs nacelles emportent dans la haute atmosphère des instruments de son invention, notamment des télescopes munis de polarimètres pour étudier les poussières interplanétaires et leur composition.

C'est à Tucson que j'ai rencontré Tom Gehrels, au début des années 90. Sa réputation avait déjà atteint des sommets dans le petit monde de la planétologie, à commencer par sa campagne d'observation d'astéroïdes au mont Palomar dans les années 70 et 80, découvrant avec ses partenaires Johannes et Ingrid van Houten plus de 4 000 astéroïdes sur des plaques photographiques prises à quelques minutes d'intervalle, dont il fallait laborieusement comparer les points lumineux pour saisir les déplacements imputables à ces pâles objets, sur fond d'étoiles fixes.

Mais c'est à Kitt Peak, en Arizona, sur une crête montagneuse à 2 000 mètres d'altitude au sud-ouest de Tucson, que Tom Gehrels a fait basculer en 1989 la recherche d'astéroïdes dans une autre dimension, en équipant un télescope de près d'un mètre d'ouverture d'une caméra CCD dont le système permet d'enregistrer des images du ciel sous forme numérique. La comparaison des images recueillies à quelques minutes d'intervalle se faisant désormais en temps réel avec un logiciel informatique, les découvertes explosent, et surtout elles sont faites suffisamment rapidement pour enclencher des observations supplémentaires, avant que les petits objets ne s'éloignent de la Terre pour se fondre à nouveau dans l'obscurité.

Gehrels et ses coéquipiers n'en restent pas là. Ils font construire un nouveau télescope à l'optique deux fois plus large (1,8 mètre d'ouverture), permettant d'observer des astéroïdes quatre fois moins lumineux, et équipé d'une caméra CCD encore plus performante qui entre en service en 2001. L'avalanche de données devient phénoménale, le programme Spacewatch recensant plus de 200 000 astéroïdes, aux tailles allant de plusieurs kilomètres à quelques mètres seulement de diamètre.

Entretemps, d'autres observatoires rejoignent la traque des astéroïdes, à commencer par la Catalina Sky Survey, également dirigée depuis l'université de l'Arizona, avec des télescopes juchés sur des montagnes au nord de la ville, ou encore Pan-STARRS au sommet du volcan Haleakalā, dans les îles Hawaï, sans compter le gigantesque télescope de 8,4 mètres d'ouverture de l'observatoire Vera Rubin, au Chili dans l'hémisphère Sud, opérationnel en 2025. Sa caméra est munie du plus grand capteur numérique jamais élaboré : alors que celui de votre appareil photo reflex mesure typiquement 24 x 36 millimètres (la taille d'un timbre-poste) et enregistre une image d'une vingtaine de millions de pixels (20 Mo), le capteur au plan focal du télescope mesure 64 cm de côté (la taille d'un poster) et délivre une image de trois *milliards* de pixels (3 Go), couvrant une surface du ciel équivalente à cinquante fois celle de la pleine Lune[1].

1. La pleine Lune est une référence très pratique pour évoquer un diamètre ou une surface sur la voûte céleste. Son diamètre est d'environ un demi-degré d'angle, par rapport aux 180 degrés qui courent d'un horizon à

Les astéroïdes menaçants

Avec autant d'observatoires en action, près d'un million d'astéroïdes ont été catalogués en date de 2025, dont l'immense majorité circulent entre Mars et Jupiter, et ne représentent aucun danger pour notre planète. Or, ce qui nous intéresse ici, c'est la sous-catégorie d'objets qui croisent l'orbite de la Terre ou risquent de la croiser dans un proche avenir. Là aussi, Tom Gehrels et les télescopes de l'université de l'Arizona ont été des pionniers en la matière. Le recensement des astéroïdes ordinaires ayant été pris en charge par d'autres observatoires autour du monde, le programme Spacewatch a tourné son attention vers ces géocroiseurs, également appelés NEA (Near Earth Asteroids) ou NEO (Near Earth Objects, pour y inclure les comètes).

Lorsque j'ai commencé à m'intéresser à la question et que je suis allé rendre visite à Tom Gehrels en Arizona, je fus désarçonné par sa nonchalance par rapport à la menace que ces astéroïdes représentaient lorsque j'abordai le sujet. Me fixant de son regard bleu ciel, un sourire désarmant au coin des lèvres, Gehrels me reprocha mon pessimisme : pourquoi une telle inquiétude ?

Il est vrai que dans son bureau, tout respirait la zénitude, avec des tapisseries indiennes aux murs et des statuettes du bouddha sur les étagères, que l'astronome avait rapportées de ses multiples voyages en Inde où il enseignait deux mois

---

l'autre du ciel. Une image de la caméra du télescope Vera Rubin embrasse un angle de 3,5 degrés, environ 7 fois le diamètre apparent et 50 fois la surface apparente de la pleine Lune.

par an. Seuls manquaient les bâtonnets d'encens, impossibles à brûler dans les locaux de l'université pour des raisons évidentes de sécurité. Sa connaissance de la mythologie et des religions indiennes s'étendait aussi à l'hindouisme – il pratiquait le yoga tous les jours – et il aimait citer le rapprochement entre les astéroïdes et le dieu Shiva, capable comme eux de rythmer la destruction et la création des mondes, et notamment la mort des dinosaures qui a laissé place au monde des mammifères. À un journaliste qui lui avait demandé comment il réagirait, si un astéroïde était découvert sur une trajectoire de collision avec la Terre, Gehrels avait répondu avec malice : « Mais j'irais vite dehors pour en avoir une meilleure vue, bien évidemment ! »

Derrière son écran de zénitude, le fondateur de Spacewatch gardait pourtant un œil très attentif sur cette sous-catégorie d'astéroïdes capables de nous percuter. Depuis qu'il a pris sa retraite (Tom Gehrels est décédé en 2011, à l'âge de 86 ans), son équipe s'est spécialisée dans le suivi des géocroiseurs déjà découverts, mesurant la luminosité et donc la taille d'un bon millier de candidats chaque année.

Tous observatoires confondus, ce grand recensement est parvenu en date de 2025 à cataloguer pratiquement l'ensemble des objets de plus d'un kilomètre de taille qui se rapprochent à moins de 50 millions de kilomètres de l'orbite terrestre[1],

1. On appelle NEA (*Near Earth Asteroids*) les astéroïdes s'approchant à moins de 50 millions de kilomètres de la Terre (plus techniquement dont le périhélie, son point le plus proche du Soleil, se trouve à moins de 1,3 unité astronomique du Soleil, alors que la Terre circule par définition à 1 unité astronomique du Soleil). Une autre appellation, NEO (*Near Earth Object*), inclut en plus les comètes.

c'est-à-dire deux fois plus près que la planète Mars : ils sont au nombre de 864. Pour ce qui est de la foule d'astéroïdes plus petits, si on se limite à ceux de plus de 140 mètres (calibre un peu bizarre[1] qui représente les objets capables de dévaster tout un pays), moins brillants et plus difficiles à déceler, les astronomes pensent n'en avoir détecté que les deux tiers pour l'instant, ayant franchi la barre des 10 000 en 2022, sur un total estimé à 15 000.

Une cinquantaine de millions de kilomètres d'écart entre nos orbites : il faudrait vraiment de grosses perturbations pour que ces objets viennent nous chatouiller. Les astronomes ont donc défini une sous-classe encore plus restreinte : les objets qui se rapprochent à moins de 7,5 millions de kilomètres de l'orbite terrestre, soit moins de vingt fois la distance Terre-Lune.

Là, ça devient sérieux, car les attractions de planètes comme la Terre, ou même Vénus, si ces objets franchissent notre orbite pour se rapprocher de la sienne, peuvent changer petit à petit leur trajectoire et faire fondre la distance qui nous en sépare, jusqu'à la collision.

Sur les 864 géocroiseurs recensés de plus d'un kilomètre de taille, donc capables d'exterminer la civilisation, 150 se rapprochent suffisamment pour mériter le titre d'« astéroïdes potentiellement dangereux[2] ». Dans la gamme des géocroiseurs plus petits (1 kilomètre jusqu'à 140 mètres), il y en a plus de 2 000 qui se rapprochent pareillement à moins de 7,5 millions de kilomètres de la Terre, mais leur impact aurait des

1. Ce calibre de 140 mètres correspond à un chiffre rond en termes de luminosité : la magnitude 22, pour laquelle il faut de grands télescopes.

2. PHA en anglais pour *Potentially Hazardous Asteroid.*

conséquences plus régionales que globales. Quant aux géocroiseurs plus petits encore, capables de rayer une ville de la carte, on est très loin d'en avoir catalogué une fraction appréciable, sans doute même pas un pourcent.

Voilà pour les statistiques. D'un point de vue historique, notre prise de conscience de leur existence et de leur menace remonte à l'année 1898, avec la découverte du premier géocroiseur : l'astéroïde Éros. Les astronomes furent stupéfaits de calculer qu'au lieu de se trouver bien au-delà de l'orbite de Mars, il pouvait se rapprocher à 22 millions de kilomètres de la Terre. Heureusement d'ailleurs qu'il ne passe pas plus près, car il mesure 30 kilomètres de long sur une quinzaine de large, c'est-à-dire trois à quatre fois la masse de l'astéroïde qui a exterminé les dinosaures. Qu'il reste sagement où il est.

Les astronomes n'étaient pas au bout de leurs surprises. En 1936, l'astronome belge Eugène Delporte détectait un astéroïde qui venait de passer à moins de deux millions de kilomètres de notre planète, seulement cinq fois la distance Terre-Lune, qu'il baptisa Adonis. Il n'en fallut pas plus pour que Hergé mette en scène l'objet dans son album *On a marché sur la Lune*, passant au large de la fusée de Tintin et kidnappant le capitaine Haddock dans son champ gravitationnel.

Adonis avait croisé la Terre à une distance respectable, malgré l'exagération que s'était permise Hergé, et ne s'en rapprochera guère plus lors de ses prochains passages. Mais à mesure que la traque des géocroiseurs a continué, des alertes bien plus inquiétantes se sont succédé, la plus spectaculaire étant à mettre au crédit de l'astéroïde Apophis, découvert en juin 2004 et d'une taille estimée à près de 350 mètres, c'est-à-dire que, s'il impactait la Terre, il dévasterait un pays entier et plongerait la civilisation dans le chaos. Or, si au moment de sa découverte l'objet était passé très au large de la Terre, les premiers calculs entrepris pour préciser sa trajectoire n'étaient pas du tout rassurants : en avril 2029, il pouvait se rapprocher à moins de 100 000 kilomètres de notre planète, le quart de la distance Terre-Lune. Pire encore, l'imprécision de ces premiers calculs était telle que les astronomes lui donnaient une probabilité de 2,7 % (une chance sur trente-sept) de percuter la Terre.

On entre là dans la deuxième phase de cette surveillance cosmique : après avoir détecté un astéroïde, il faut en établir la trajectoire et calculer ses rapprochements futurs avec la Terre. Ces trajectoires sont des orbites : des ellipses autour du Soleil. Pour définir celle d'un astéroïde avec précision, il faut observer le point lumineux en question sur une durée de plusieurs jours, voire de plusieurs semaines si possible, pour tracer une fraction de l'ellipse suivie. Plus long est l'arc de cercle consigné, c'est-à-dire plus longtemps on peut suivre l'astéroïde avant qu'il ne s'éloigne trop de la Terre pour rester visible, plus sa trajectoire totale peut être calculée avec précision, et mieux peut-on prévoir la probabilité d'impact avec la Terre lors de ses prochains passages.

C'est un travail d'équipe. Dès qu'un nouvel astéroïde est repéré, l'alerte est lancée au niveau international, et des télescopes dédiés, y compris les plus puissants, suivent sa trajectoire jusqu'à le perdre de vue. Au fil des jours, à mesure que le nombre d'observations augmente – et avec lui la précision de l'orbite calculée – le risque d'un impact avec la Terre évolue. Au début, la marge d'erreur est telle que ce risque paraît notable : plutôt qu'une ligne précise, la trajectoire de l'astéroïde s'apparente à un gros tuyau dans lequel se trouve notre planète lors d'un prochain passage de l'objet, et la probabilité d'impact est non nulle. Puis, quelques mesures de position plus tard, les calculs s'affinent et le « tuyau » orbital devient plus étroit, jusqu'à ce que la Terre n'y figure plus. La probabilité de collision tombe alors à zéro et tout le monde est rassuré.

Prenons l'exemple d'Apophis et son passage le plus critique, le 13 avril 2029. D'abord estimée à 2,7 %, la probabilité d'impact est tombée à zéro, à mesure que la trajectoire a été précisée. L'astéroïde passera néanmoins à seulement 32 000 kilomètres de la Terre, moins d'un dixième de la distance Terre-Lune, moins de trois fois le diamètre de notre planète, plus près même que les satellites de télécommunications géostationnaires. Il sera d'ailleurs visible à l'œil nu depuis l'Europe et l'Afrique, plongées dans la nuit et tournées dans la bonne direction du ciel : un peu moins brillant que l'étoile Polaire, Apophis traversera la voûte céleste à une vitesse notable, tout comme le fait un satellite artificiel.

Grâce à des mesures effectuées au radar en mars 2021, qui ont très précisément estimé sa distance et affiné son orbite d'un cran supplémentaire, tout risque de collision de l'astéroïde avec la Terre est définitivement écarté pour les cent prochaines années. Pour les autres géocroiseurs de plusieurs centaines de mètres, pas d'alertes non plus à l'heure actuelle, mais comme plusieurs milliers restent encore à découvrir, nous ne sommes pas complètement à l'abri d'une mauvaise surprise. Pour les 864 géocroiseurs de plus d'un kilomètre de diamètre, en revanche, les nouvelles sont très bonnes : les calculs indiquent qu'aucun d'entre eux ne percutera la Terre dans les mille ans à venir.

Les petites frappes

Restent les « petites frappes » : les géocroiseurs de troisième catégorie, sous la barre des 140 mètres, qui pullulent autour du Soleil. Plus ils sont petits, plus ils sont nombreux, et plus ils sont difficiles à détecter. On ne les perçoit généralement que quelques jours, voire quelques heures avant leur passage au plus près de la Terre, quand leur faible éclat est enfin perçu par les télescopes de surveillance. Des calculs sont alors rapidement exécutés pour établir s'ils vont frapper, quand ils vont frapper, et exactement où ils vont frapper sur le globe.

La première fois qu'un tel exploit fut accompli remonte au 7 octobre 2008. Détecté deux jours auparavant à l'observatoire Catalina de l'université de l'Arizona, un astéroïde d'environ quatre mètres, matriculé 2008 TC_3, a été suivi jusqu'à sa collision avec la Terre, et son point d'impact prévu à la frontière de l'Égypte et du Soudan. Il s'est désintégré à haute altitude en une explosion estimée à 1 000 tonnes de TNT, soit quinze fois moins que la bombe d'Hiroshima, mais le flash lumineux fut tout de même observé en pleine nuit par l'équipage d'un avion de ligne. Quelques kilogrammes de fragments météoritiques ont d'ailleurs été découverts plusieurs mois plus tard dans le désert nubien.

De tels petits impacts surviennent une fois par an en moyenne et ne créent pas de dégâts conséquents. Depuis cette première en 2008, d'autres prévisions d'impact ont été réalisées avec succès pour des objets plus petits, de taille métrique, qui frappent la Terre environ une fois par mois. Ce fut le cas d'un objet d'un mètre qui éclata le 13 février 2023 au-dessus de la Normandie, et de projectiles de taille équivalente qui ont explosé le 21 janvier 2024 au-dessus de Berlin et le 4 septembre 2024 au large des Philippines.

Le projectile qui avait pour cible la Normandie fut détecté sept heures seulement avant l'impact par un astronome en Hongrie, et l'alerte lancée par l'Agence spatiale européenne sur ses réseaux sociaux, de sorte que l'explosion, vers 30 kilomètres d'altitude et en pleine nuit, fut observée par de nombreux témoins. La précision de la trajectoire reconstituée fut telle que les chasseurs de météorites au sol parvinrent à en localiser plusieurs fragments lors des jours suivants, éparpillés entre Dieppe et Doudeville, pesant plusieurs grammes à plusieurs centaines de grammes.

Pour une dizaine de prévisions d'impacts réussies en date de 2025, et qui concernent toutes des objets de taille métrique, l'intervalle de temps entre l'alerte et l'impact lui-même est de l'ordre d'une dizaine d'heures. C'est court, mais il faut garder en tête que ces mini-astéroïdes sont très peu lumineux : c'est déjà un exploit de détecter un sombre rocher de la taille d'un buffet à une distance supérieure à celle de la Lune. Et comme une dizaine nous percutent chaque année, en repérer environ deux sur dix est déjà un score très honorable.

Il faut espérer que pour les projectiles plus rares mais plus brillants, larges d'une vingtaine de mètres et capables de briser des vitres et faire des blessés, comme à Tcheliabinsk en 2013, le taux de réussite sera encore meilleur et l'alarme sonnée en temps utile, mais ce n'est pas garanti. L'astéroïde de Tcheliabinsk, par exemple, est arrivé à contrejour, masqué par l'éclat du Soleil, et échappa à toute détection. Pour vaincre ce problème, il faudra déployer des observatoires dans l'espace suffisamment loin de la Terre pour multiplier les angles de vue : une couverture qui est en passe d'être réalisée grâce à des satellites dédiés, fonctionnant aussi bien dans le visible que dans l'infrarouge, ce qui leur permet de percevoir la face non éclairée, mais tout de même relativement tiède, d'un astéroïde arrivant à contrejour.

Connaître l'ennemi

Lorsqu'un petit astéroïde est détecté quelques heures avant sa frappe, la première chose à faire, c'est de prévenir la localité visée. Une telle alerte n'est pas vaine : les citoyens peuvent se mettre à l'abri dans leur cave, ou en tout cas s'éloigner des fenêtres. À Tcheliabinsk, la plupart des blessés l'ont été par des éclats de verre. Et pourquoi ne pas utiliser des missiles d'interception sol-air ? Ils sont capables d'abattre en vol des avions ou des missiles ennemis jusqu'à une trentaine de kilomètres d'altitude, ce qui est encore un peu court (le bolide de Tcheliabinsk a explosé à cette altitude), mais on peut imaginer une nouvelle classe d'engins qui intercepteraient les petits astéroïdes à plus grande distance de la Terre, diminuant, voire annulant totalement leur potentiel de destruction.

Pour les astéroïdes plus gros que quelques mètres, notre force de frappe aurait besoin d'être considérablement plus puissante : d'autres moyens sont sans doute requis, comme nous allons le voir. Mais la première chose à faire, quelle que soit la taille de l'objet menaçant, c'est de connaître sa forme, sa composition et sa structure, de manière à savoir comment le pulvériser ou le disloquer. Les télescopes et les radars permettent déjà une première reconnaissance, mais l'idéal consiste à survoler l'objet, voire à s'y poser avec une sonde spatiale.

Le premier survol d'un astéroïde géocroiseur est à mettre au crédit de la sonde *NEAR* (*Near Earth Asteroid Rendezvous*), lancée en 1996 et qui fut renommée *NEAR-Shoemaker*, en hommage au spécialiste des astéroïdes et des cratères d'impact, décédé alors que la sonde était en route vers son objectif. La cible de la mission américaine était Éros, le premier géocroiseur découvert en 1898, qui se tient pour l'instant à distance raisonnable de la Terre.

La première manœuvre tentée par la sonde pour se mettre en orbite autour de l'astéroïde échoua, à la suite d'une panne de moteur, entraînant des culbutes incontrôlées de l'engin qui donnèrent des sueurs froides à l'équipe au sol, mais la seconde tentative d'approche fut la bonne, et *NEAR-Shoemaker* se satellisa autour d'Éros le 14 février 2000, très judicieusement le jour de la Saint-Valentin, en adéquation avec le nom de l'astéroïde.

Les planétologues découvrirent un monde étrange, long de 30 kilomètres, en forme de cacahuète géante : une morphologie bilobée que l'on retrouve dans nombre d'astéroïdes et de comètes, comme s'il était coutumier pour ces corps de s'amalgamer à partir de deux morceaux, lors de collisions douces. Les photographies révélèrent également de nombreux cratères d'impact accumulés par l'astéroïde au fil des milliards d'années, les chocs ayant certainement fracturé l'intérieur de l'objet et secoué les reliefs au point de déclencher avalanches et glissements de terrain. Cette nature agglomérée et fracturée des astéroïdes est à prendre en compte quand il s'agira de les détourner ou de les pulvériser.

Pour la petite histoire, en fin de mission, les navigateurs du centre de contrôle décidèrent de faire descendre leur sonde jusqu'à toucher l'astéroïde, alors qu'il n'était nullement prévu à l'origine de le faire se poser et qu'il était dépourvu de train d'atterrissage. Non seulement la sonde impacta Éros en douceur, le 12 février 2001, mais elle s'en tira indemne et communiqua des informations encore plus détaillées sur la composition du sol.

Un exploit encore plus remarquable fut accompli par la sonde japonaise *Hayabusa*, lancée vers l'astéroïde Itokawa en mai 2003. Cet astéroïde géocroiseur ne mesure que 500 mètres de long sur 200 mètres de large, mais son orbite passe à moins de deux millions de kilomètres de celle de la Terre, soit cinq fois seulement la distance Terre-Lune, et si Itokawa ne constitue pas une menace à l'heure actuelle, l'astronome français Patrick Michel a calculé qu'il est pratiquement inévitable qu'il entre en collision avec la Terre au cours du million d'années à venir.

Tout comme Éros, Itokawa est en forme de cacahuète, mais ses deux lobes ont des densités très différentes – 2,9 g/cm^3 pour l'un et 1,8 g/cm^3 pour l'autre – ce qui prouve qu'il s'agit bien de deux corps distincts qui se sont amalgamés par collision douce. En outre, ces faibles densités suggèrent que les corps sont poreux, surtout le moins dense, comme s'ils étaient constitués de lâches agglomérats de fragments, issus de l'éclatement autrefois d'astéroïdes plus gros. Venant renforcer les résultats d'Éros, de telles structures sont à prendre en compte si l'on veut modéliser avec justesse le bombardement ou la déflection d'astéroïdes avec nos armes de guerre.

Mais, avant de considérer de telles interventions, la sonde japonaise a franchi une étape supplémentaire dans notre connaissance des astéroïdes en tentant un prélèvement de poussière à sa surface, suivi d'un retour vers la Terre pour y délivrer une capsule des échantillons récoltés. La mission fut frappée de problèmes en tout genre – fréquentes pertes de contact et moteurs défaillants –, mais la sonde parvint à capturer un bon millier de grains de poussière en se posant sur l'astéroïde, butin de 50 milligrammes qu'elle rapporta sur Terre, le 13 juin 2010.

Ce n'était qu'un début. L'agence spatiale japonaise mit sur pied une mission plus ambitieuse, en lançant en décembre 2014 la sonde *Hayabusa-2* vers l'astéroïde Ryugu, un géocroiseur encore plus inquiétant, puisque cet objet de 900 mètres de diamètre vient flirter de façon beaucoup plus pressante avec l'orbite terrestre, dont il peut se rapprocher à moins de 100 000 kilomètres, soit un quart seulement de la distance Terre-Lune, mais heureusement pas très souvent. Aux dernières nouvelles, il y a très peu de risque que Ryugu percute notre planète dans un avenir prévisible.

Cette seconde mission fut encore plus spectaculaire que la précédente. En forme de grosse toupie, parsemé de blocs rocheux attestant d'un passé tourmenté, Ryugu est sans doute une fraction d'un astéroïde beaucoup plus gros qui se serait désintégré il y a longtemps, comme dans le cas d'Itokawa, mais sa nature est encore plus poreuse : avec une densité de 1,2 gramme par centimètre cube seulement, son volume est pour moitié constitué d'espaces vides. Arrivée dans son sillage en juin 2018, la sonde largua deux petits engins d'un kilogramme, véritables sauterelles munies de caméras et de thermomètres, et une boîte mobile de dix kilogrammes, franco-allemande, s'appuyant sur un bras déployable pour se déplacer à la surface de l'astéroïde, et qui fonctionna près d'une journée avec caméras, spectromètre et radiomètre. C'est à elle que l'on doit, en particulier, la mesure de la porosité du sol.

Le clou de la mission fut la collecte d'échantillons par la sonde principale venue se positionner à ras du sol, et tirant une balle faisant gicler la poussière qui fut recueillie par un entonnoir et stockée à bord. *Hayabusa-2* prit ensuite la route du retour, croisant la Terre le 5 décembre 2020 et larguant la précieuse capsule à échantillons qui fut récupérée dans le désert d'Australie, avec à son bord cinq grammes de matière carbonée en provenance de l'astéroïde : cent fois plus que lors de la mission précédente.

Mais plus encore que les photographies de l'astéroïde et l'analyse chimique des échantillons, c'est le constat sur la structure de Ryugu qui nous intéresse ici. Comme l'explique Satoshi Tanaka de l'agence spatiale japonaise, détourner un astéroïde de ce type par bombardement, s'il se trouvait sur une trajectoire de collision avec la Terre, serait encore plus difficile à modéliser et à effectuer que pour l'astéroïde Itokawa, du fait de sa porosité encore plus grande. Par ailleurs, le chercheur tenta de calculer son comportement s'il venait à percuter la Terre : pénétrant la haute atmosphère à la vitesse de 17 kilomètres par seconde, il éclaterait en morceaux à une altitude comprise entre 40 et 35 kilomètres, sans que les calculs puissent préciser la taille des morceaux qui poursuivraient leur descente.

Pour clore ce premier acte de défense planétaire – l'observation rapprochée –, une troisième mission de reconnaissance et d'échantillonnage prit pour cible l'un des objets les plus menaçants qui flirtent avec la Terre : l'astéroïde Bénou.

En forme lui aussi de toupie et constellé de gros blocs, il ne mesure que 500 mètres, mais se rapproche à moins de 300 000 kilomètres de la Terre, un peu moins que la distance Terre-Lune. Cela semble plus confortable que pour l'astéroïde Ryugu, mais c'est tout le contraire, car Bénou enchaîne ces passages rapprochés tous les six ans. De fait, les astronomes calculent qu'il a un risque non négligeable de percuter la Terre entre les années 2178 et 2290 : une chance sur 2 000, ce qui n'est pas rien, comme vous le dira tout parieur lorsqu'il achète sa grille de jeu à un bureau de tabac. C'est à peu près la même chance que de gagner 500 euros dans un jeu de grattage, mais là, il vaut mieux perdre, car ça gratterait beaucoup : l'impact de 1 500 mégatonnes creuserait sur Terre un cratère de 10 kilomètres de large.

Cette fois, c'est un engin américain qui a réussi l'exploit de se poser sur cet inquiétant objet. Lancée en septembre 2016, la sonde *OSIRIS-REx* a atteint l'astéroïde en décembre 2018 et l'a accompagné deux ans durant dans l'espace, le photographiant sous tous les angles et cherchant l'endroit idéal pour recueillir un échantillon. La descente finale à ras du sol eut lieu le 20 octobre 2020, et la sonde souffla une bouffée d'azote pour soulever un nuage de poussière vers son entonnoir. Une fois le butin scellé dans la capsule de livraison, la sonde reprit la route de la Terre et largua la précieuse capsule dans l'atmosphère terrestre le 24 septembre 2023, avec un atterrissage sous parachute dans le désert de l'Utah.

Le record de la sonde japonaise *Hayabusa-2* était pulvérisé, le prélèvement rapporté pesant plus de 120 grammes, dont des échantillons furent distribués aux laboratoires du monde entier. Comme Ryugu, l'astéroïde Bénou s'est révélé riche en carbone et en matériaux primitifs remontant à l'origine du Système solaire. Mais, au-delà de cet échantillonnage réussi, la sonde *OSIRIS-REx* a étudié aussi sur deux ans la façon dont un astéroïde modifie constamment son orbite, ce qui rend si difficile le calcul de sa trajectoire future et de ses risques de collision avec la Terre. Une cause de dérive est l'effet Yarkovsky, nommé d'après l'ingénieur polonais qui suggéra, dans un livret publié vers 1900, qu'un petit astéroïde en rotation, chauffé par le Soleil côté jour, réémet de l'énergie infrarouge côté nuit : une propulsion par réaction qui est infime, mais réelle. Dans le cas de Bénou, les astronomes ont calculé qu'en une vingtaine d'années, l'effet Yarkovsky a décalé son orbite de près de 300 mètres en direction du Soleil et de la Terre.

9. Astéroïde Bénou

L'astéroïde Bénou, un géocroiseur potentiellement dangereux de 500 m de diamètre, photographié par la sonde *OSIRIS-REx* le 2 décembre 2018. (© NASA/Goddard/Université de l'Arizona ; https://commons.wikimedia.org/wiki/File:BennuAsteroid.jpg)

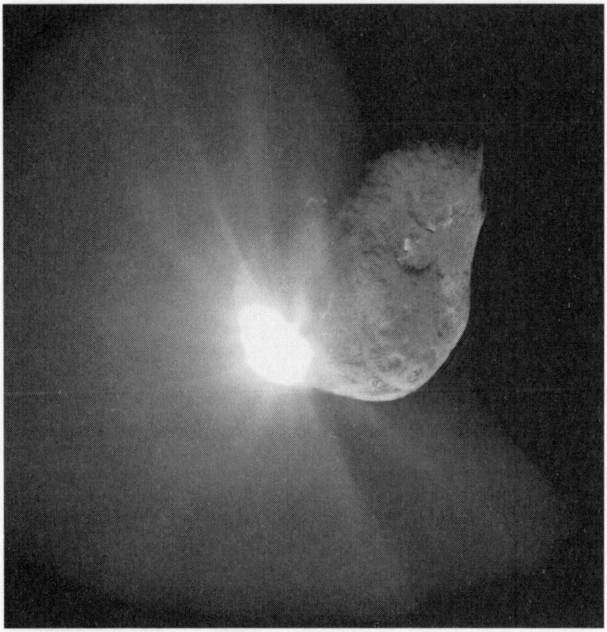

10. Comète Tempel 1

Premier bombardement d'un corps céleste, en l'occurrence le noyau de la comète Tempel 1, par la sonde *Deep Impact*, le 4 juillet 2005. (© NASA/JPL-Caltech/UMD ; https://en.wikipedia.org/wiki/File:Deep_Impact_HRI.jpeg)

Patrouilles d'interception

Lorsque les calculs nous apprendront qu'un astéroïde est sur une trajectoire de collision avec la Terre, il faudra réagir.

N'engagez pas Bruce Willis. Dans le film *Armageddon* (1998), face à la collision imminente d'un astéroïde géant avec la Terre, le directeur de la NASA y envoie des astronautes pour creuser un puits et y insérer une bombe nucléaire, faisant appel à un spécialiste des forages pétroliers, incarné par la star hollywoodienne. Les studios avaient également pressenti Sylvester Stallone ou Arnold Schwarzenegger pour le rôle, mais ces derniers n'auraient pas fait mieux, ou plutôt, comme Bruce Willis, ils n'auraient rien pu faire.

Car scinder en deux un astéroïde de 1 000 kilomètres de diamètre, lorsqu'il se trouve à moins de 100 000 kilomètres de la Terre, comme le veut le scénario, de manière que les deux moitiés passent de part et d'autre de la planète, est impossible avec nos moyens actuels. La plus grande bombe nucléaire construite, la Tsar Bomba détonnée en 1961 par l'Union soviétique, avec ses 50 mégatonnes de puissance, aurait été aussi efficace qu'un pétard mouillé. Les calculs entrepris par quatre physiciens de l'université de Leicester montrent qu'il aurait fallu une bombe un milliard de fois plus puissante. On passera aussi sur le message politique du film, produit par un riche Républicain, où les scientifiques sont ridicules, et où le héros demande qu'en échange de sauver le monde, il n'ait plus à payer d'impôts.

Un astéroïde géocroiseur de 1 000 kilomètres de diamètre, comme dans le film, n'existe même pas, mais le spectateur moyen n'aurait peut-être pas compris la menace, si on lui avait dit qu'un astéroïde de 10 kilomètres était suffisant pour détruire l'humanité, comme ce fut le cas pour le règne des dinosaures. On a même vu qu'aucun géocroiseur de plus d'un kilomètre ne percutera la Terre dans les mille années à venir et que les objets les plus menaçants à court terme ont une taille de 500 mètres ou moins, comme Bénou. Ce sont ceux-là qu'il faut apprendre à intercepter. Reste à savoir comment.

L'utilisation d'une bombe atomique, même si elle fut mal représentée par Hollywood, n'est pas une idée saugrenue. La première étude sérieuse en ce domaine fut conduite par nul autre qu'Edward Teller, le père de la bombe H aux États-Unis, qui réunit en 1995 une commission de réflexion au laboratoire Lawrence Livermore en Californie, avec pour but d'imaginer quelle bombe serait nécessaire pour détruire un astéroïde d'un kilomètre de diamètre, quelques mois avant son impact sur Terre. Pour simplifier, le comité calcula quelle puissance il faudrait pour égaler, c'est-à-dire contrer, l'énergie cinétique de l'astéroïde et conclut qu'une bombe d'une puissance de 1 000 mégatonnes de TNT ferait l'affaire, à savoir vingt fois la puissance de la Tsar Bomba, ou 1 000 à 2 000 fois celle des bombes nucléaires « classiques ». Alors que celles-ci pèsent 200 kilogrammes en moyenne, la super bombe de Teller pèserait une trentaine de tonnes et nécessiterait l'une des fusées les plus puissantes de notre arsenal pour atteindre l'astéroïde, comme le lanceur américain SLS du programme lunaire Artemis. Cela étant, une telle bombe n'est pas près d'exister, et nulle agence, nationale ou internationale, ne travaille aujourd'hui sur le sujet.

Heureusement, ce ne sont pas des astéroïdes d'un kilomètre qui nous tracassent, mais ceux deux fois plus petits en diamètre, soit près de dix fois plus petits en masse et en énergie cinétique. On tombe alors dans la gamme beaucoup plus réaliste de bombes atomiques d'une centaine de mégatonnes de puissance, voire d'une salve de bombes de quelques mégatonnes seulement, pour réussir une interception, d'autant qu'il n'est pas nécessaire de détruire l'astéroïde : il suffit de le pousser hors trajectoire.

Un astéroïde sur une trajectoire de collision avec la Terre signifie qu'il croisera notre orbite au moment exact où notre planète passe par le même point. Si vous foncez avec votre voiture vers un croisement et qu'un camion arrive à angle droit par l'autre route, vous avez deux façons de l'éviter : soit vous freinez pour franchir le croisement derrière lui, soit vous accélérez pour passer le carrefour avant lui.

Avec les astéroïdes, c'est pareil. Vous ne pouvez pas accélérer ou freiner la Terre (le camion) ; l'astuce consiste à freiner ou à accélérer l'astéroïde (votre voiture). Or, une bombe nucléaire fait ici très bien l'affaire, l'objectif étant de « souffler » sur l'astéroïde pour changer sa vitesse. Une explosion nucléaire produit en effet un déluge de neutrons, rayons X et rayons gamma. Plutôt que d'enterrer bêtement la bombe dans l'astéroïde, comme Bruce Willis, pour tenter de le fracturer, faites-la exploser quelques centaines de mètres au-dessus du sol : le rayonnement va chauffer et vaporiser la couche superficielle de l'astéroïde en un plasma qui jaillira vers le ciel. En fait, vous venez d'inventer un nouveau type de moteur-fusée. Vous pouvez même le peaufiner, comme le propose une équipe de la NASA et de l'université de l'Iowa : creusez d'abord un cratère dans l'astéroïde, par une méthode conventionnelle comme un impact de missile, puis faites détoner votre bombe nucléaire au-dessus du sol, mais dans le cratère. En forme de bol, celui-ci jouera le rôle de tuyère de moteur-fusée pour focaliser le jet de plasma et offrir une poussée mieux dirigée que si l'explosion avait lieu n'importe où.

Reste à calculer combien d'énergie est nécessaire pour accomplir cette savante manœuvre d'évitement. Tout est une question de temps. Revenons à l'exemple de votre voiture fonçant vers le carrefour. Si vous voyez le camion longtemps à l'avance, vous pouvez commencer à freiner ou à accélérer tôt pour éviter l'accident, sans avoir à forcer sur le frein ou l'accélérateur : ça passera. Si vous êtes endormi et que vous voyez le camion trois secondes seulement avant le passage du carrefour, là vous devez donner un violent coup de frein ou une accélération digne d'une voiture de course : vous aurez besoin de beaucoup d'énergie, et ce ne sera peut-être même pas suffisant pour éviter l'accident.

Pour que l'astéroïde évite la Terre, la philosophie est la même. Si vous réalisez plusieurs années à l'avance que l'objet est sur une trajectoire de collision et que vous intervenez suffisamment en amont, les calculs vous indiquent qu'une pichenette changeant la vitesse de l'astéroïde de quelques centimètres par seconde est suffisante pour qu'au bout du compte, elle croise l'orbite terrestre avant ou après le passage de notre planète. Très précisément, l'accélération nécessaire est de 3,5 centimètres par seconde seulement, si vous opérez un an avant la date de collision, et même moitié moindre (1,75 cm/s), si vous vous y prenez deux ans à l'avance.

Bien sûr, il faut être prêt, et on ne l'est pas. La NASA a estimé qu'elle aurait besoin de cinq à dix ans pour mettre sur pied une telle intervention, si le besoin s'en faisait sentir et si les crédits étaient débloqués à temps (là il faut espérer que les bailleurs de fonds comprendront l'urgence et ne perdront pas de temps en palabres inutiles). En plus de ces cinq à dix ans pour mettre le système au point, il faut ajouter le voyage vers l'astéroïde – sans doute deux ans supplémentaires –, et encore un ou deux ans après l'explosion pour que l'accélération fournie produise son effet d'évitement : une bonne dizaine, voire une quinzaine d'années en tout.

Fournir les quelques centimètres d'accélération ou de freinage nécessitera une énergie différente, selon que l'astéroïde est petit ou gros. Pour une charge nucléaire donnée, il accélérera moins s'il est gros, mais s'il est gros, on le détectera plus longtemps à l'avance – pratiquement tous les géocroiseurs de plus d'un kilomètre sont connus, de même que leurs trajectoires – donc on pourra l'intercepter de nombreuses années en amont, et même si l'explosion nucléaire n'ajoute que quelques millimètres par seconde à sa vitesse initiale, cela pourrait suffire. À l'inverse, un petit géocroiseur de 300 mètres, comme Apophis, n'aurait besoin d'être intercepté que deux ans avant la collision, avec seulement une demi-douzaine de bombes nucléaires d'une puissance d'une mégatonne chacune – facilement transportables par une fusée classique – pour qu'il soit bouté hors trajectoire.

La méthode nucléaire marche donc sur le papier, mais il faudrait une dizaine à une quinzaine d'années pour la mettre en œuvre, comme on l'a vu, en cas de menace. En attendant, il faut se rabattre sur des stratégies moins efficaces, mais toutes simples : percuter l'astéroïde avec un boulet, par exemple – pas trop fort pour ne pas l'éclater – et obtenir pareillement une accélération. Vu l'énergie considérablement inférieure à celle d'une explosion nucléaire, un tir de boulet ne marchera que pour les très petits objets. L'avantage, c'est que le procédé peut être facilement testé, avec des missions spatiales peu coûteuses. Et là, on progresse.

Premiers tirs sur des astéroïdes

Le premier bombardement d'un astéroïde remonte à 2005, ou plutôt le bombardement d'une comète, car la cible était Tempel 1, un noyau cométaire d'environ 7 kilomètres de long sur 5 kilomètres de large. Ce n'est pas un géocroiseur – la comète ne s'approche jamais à moins de 100 millions de kilomètres de la Terre –, mais comme elle intéressait les planétologues, une mission fut lancée vers elle pour l'étudier et au passage lui lancer un boulet pour soulever de la poussière qui serait analysée par les instruments à bord.

La sonde fut baptisée *Deep Impact*, en référence au film catastrophe sorti la même année qu'*Armageddon* (1998), mais beaucoup plus crédible que ce dernier, avec Robert Duvall dans le rôle principal de l'astronaute aux commandes d'une mission d'interception d'une menaçante comète.

Dans le cas de la petite sonde de la NASA, pas question de dévier un mastodonte de la taille de Tempel 1 – le rapport de force entre le boulet et la comète est le même qu'entre un moustique et un Airbus A 380 – mais il s'agissait au moins de toucher la cible et d'examiner le cratère résultant, ainsi que le nuage de poussière soulevé par l'impact.

Ce fut chose faite le 4 juillet 2005, la sonde larguant un boulet de 400 kilogrammes qui frappa la comète à la vitesse relative de 10 kilomètres par seconde : une énergie d'impact équivalente à 5 tonnes de TNT. Ce fut une pichenette, par rapport à une bombe nucléaire (celle d'Hiroshima représentait 15 000 tonnes de TNT), mais suffisante pour creuser un cratère de la taille d'un terrain de football. Il en fut projeté un nuage de poussière, fin comme du talc, contenant des flocons d'argile et autres grains minéraux, mêlé à plusieurs milliers de tonnes de vapeur d'eau : un dégazage qui dura plusieurs jours. Voilà justement le genre d'information intéressante à prendre en compte, lorsque l'on voudra mettre en pratique la déflection d'un petit corps céleste en le frappant avec un boulet ou une bombe nucléaire.

Les travaux pratiques ont continué en 2022 avec la mission DART (Double Asteroid Redirection Test), le mot « *dart* » signifiant par ailleurs « fléchette », car les Américains adorent les jeux de mots. Cette fois, il s'agissait de prendre pour cible un astéroïde double – cas assez fréquent parmi les géocroiseurs. En effet, non seulement les petits corps célestes ont souvent une forme bilobée en cacahuète, mais nombre d'entre eux se présentent sous la forme de deux parties séparées, la plus petite orbitant autour de la plus grosse : les astronomes estiment que 15 % des géocroiseurs tombent dans cette catégorie. De fait, on trouve sur Terre des cratères doubles, résultant de deux impacts simultanés : c'est le cas du cratère du Ries en Allemagne, large de 22 kilomètres, avec à une quarantaine de kilomètres de son centre un cratère secondaire, celui de Steinheim, large pour sa part de 4 kilomètres[1]. Ce duo d'astéroïdes qui est venu frapper l'Allemagne il y a une quinzaine de millions d'années devait mesurer 1,5 kilomètre de diamètre pour le plus gros, et 100 mètres pour le plus petit.

La paire d'astéroïdes visée par la sonde *DART* présente des proportions assez proches : le géocroiseur principal, baptisé Didymos (« jumeau » en grec), est large de 800 mètres et le satellite qui en fait le tour à un kilomètre de distance en une douzaine d'heures, Dimorphos, mesure pour sa part 150 mètres. Lors de ses passages les plus proches de la Terre, le couple n'en est distant que de 5 à 6 millions de kilomètres (ce sera le cas le 4 novembre 2123), ce qui le range dans la catégorie des corps potentiellement dangereux. En revanche,

1. Les cratères du Ries et de Steinheim, près de Stuttgart, sont magnifiquement préservés : ils valent le détour, d'autant qu'ils sont mis en valeur par un musée situé à Nördlingen – la ville principale dans l'enceinte du Ries, avec une église construite en roches d'impact –, et des itinéraires de découverte.

ses passages rapprochés ont permis une visite aisée de la part de la sonde.

Le rendez-vous eut lieu le 26 septembre 2022, la sonde entière d'une masse de 600 kilogrammes se précipitant contre Dimorphos – le plus petit astéroïde de la paire – dans le sens inverse de son mouvement autour de Didymos, le freinant donc sur son orbite. La collision s'effectua à la vitesse relative de 6,5 kilomètres par seconde, avec une puissance équivalente à 3 tonnes de TNT et 1 000 tonnes d'éjectas projetés dans l'espace : les mesures montrèrent que l'effet « rétrofusée » de cette matière éjectée tripla l'amplitude du freinage, par rapport à la seule énergie cinétique de la collision, ce qui s'est traduit par un ralentissement de Dimorphos sur son orbite de l'ordre de trois millimètres par seconde.

C'est très encourageant. On voudrait bien sûr pouvoir faire dix fois mieux et effectuer des impulsions de plusieurs centimètres par seconde concernant des astéroïdes dix fois plus massifs, mais les planétologues sont sur la bonne voie. Les dinosaures n'avaient pas les moyens de changer le cours de leur destin, car il leur manquait un brin d'intelligence et surtout la technologie nécessaire. L'espèce humaine possède un petit plus en matière d'intelligence et un grand plus en matière de technologie ; il lui reste à faire preuve de perspicacité et de détermination pour repousser à l'avenir les menaces du cosmos.

5

Les bienfaits des impacts

Lorsque je suivais mes cours de géologie à l'université de l'Arizona, l'immense campus et la ville de Tucson ne m'inspiraient guère. Dès que je pouvais grapiller une journée, je m'échappais de la frénésie universitaire pour sillonner le désert de Sonora, hérissé de gros cactus saguaro en forme de candélabre, et si je pouvais m'absenter tout un week-end, soit je franchissais la frontière mexicaine au sud pour gagner le rivage de la mer de Cortez, soit je faisais route vers le nord, à la découverte d'un tout autre décor.

Pour des raisons complexes, qui ont à voir avec l'enfoncement d'une plaque tectonique sous le continent américain, le nord de l'Arizona et ses régions frontalières du Nouveau-Mexique, du Colorado et de l'Utah se soulèvent en bloc, comme un monte-charge. Ce bombement de 600 kilomètres de diamètre – les deux tiers de la France en surface – est particulièrement célèbre, du fait que le fleuve Colorado est forcé de creuser la pile de sédiments qui se soulève sous son parcours, l'entaillant pour former le Grand Canyon.

Il y aurait beaucoup à dire à ce sujet, ne serait-ce qu'en raison du volcanisme qui s'est invité dans les fractures formées par ce soulèvement : la chaîne des majestueux San Francisco Peaks, culminant à près de 4 000 mètres, et la rangée de petits cônes stromboliens qui rappellent notre chaîne des puys en Auvergne, dont le plus connu est Sunset Crater, érigé il y a 1 000 ans à peine. Mais c'est un autre site qui attire les géologues, tout comme les touristes, sur ce flanc oriental du plateau du Colorado : le bien nommé Meteor Crater. C'est l'archétype d'un cratère d'impact, parce qu'il est très jeune et donc très bien préservé, et aussi parce qu'il est à taille humaine. Depuis sa crête, on peut le cadrer entièrement avec un objectif grand angle, et ses strates de roches colorées, affleurant tout autour, le rendent particulièrement esthétique.

Mesurant 1 200 mètres de diamètre et 180 mètres de profondeur, le cratère est entouré d'une couronne de débris qui descend en pente douce vers le plancher du désert et lui donne de loin l'aspect d'une butte très aplatie. L'étrange relief était certainement connu des Amérindiens, et on peut deviner l'étonnement du premier homme blanc qui en a gravi la pente et découvert l'abîme central, un certain Franklin qui était l'un des scouts du général Custer – ce même général qui perdit la bataille de Little Big Horn contre les Sioux et Cheyennes, quelques années plus tard, en 1876. Appelé d'abord Franklin's Hole (« le Trou de Franklin »), puis Cone Butte par les éleveurs de bétail qui s'installèrent dans la région, la dépression circulaire fut logiquement assimilée à un cratère volcanique, par analogie avec les autres volcans de la région.

Un détail attirait toutefois l'attention : des météorites de fer-nickel saupoudraient le désert avoisinant, ce qui amena Grove Karl Gilbert, président du très influent Bureau géologique des

États-Unis, à se rendre sur les lieux en 1891. La proximité d'édifices volcaniques dans la région et la totale méconnaissance des cratères d'impact à l'époque orientèrent l'enquête en faveur d'une origine volcanique, Gilbert reléguant la présence de météorites sur le site au rang de simple coïncidence. L'affaire semblait classée.

Le défi de Daniel Barringer

Une dizaine d'années plus tard, en octobre 1902, l'histoire du cratère et de ses météorites retint pourtant l'attention d'un homme d'affaires de Philadelphie, Daniel Barringer, qui tentait de faire fortune dans la prospection minière. Il avait fait mouche une première fois, découvrant avec ses partenaires un riche filon d'argent en Arizona, et comptait bien doubler la mise en multipliant ses investissements dans des mines de fer et d'argent au Mexique et au Texas. Lorsqu'il entendit parler des météorites de fer-nickel autour de Cone Butte, l'idée lui vint immédiatement que le relief pouvait résulter de la collision d'un astéroïde métallique avec la Terre, et que le précieux projectile reposait sous le plancher du cratère. À en croire la teneur en nickel des météorites éparpillées – autour de 10 % – le corps enfoui, dont il estima la masse totale à 100 millions de tonnes, devait représenter une véritable fortune.

Après avoir obtenu un bail de prospection, Daniel Barringer se mit donc à creuser. Il le fit d'abord au centre du cratère, érigeant une tour de forage et perçant les couches rocheuses jusqu'à 323 mètres de profondeur – comparable à la hauteur de la tour Eiffel – pour ne récolter dans les carottes rapportées en surface que des sédiments pulvérisés, avec d'infimes quantités de fer et de nickel. Sans se décourager outre mesure, Barringer s'appuya sur la forme légèrement asymétrique du cratère pour se convaincre que l'astéroïde avait percuté le sol en oblique et devait se trouver enfoui sous le rempart sud, plutôt qu'au centre.

Le forage reprit de plus belle, atteignant en 1929 la profondeur record de 420 mètres, avant que la tête de forage ne se bloque dans la roche, câbles rompus, mettant fin à l'aventure. De toute manière, après vingt-cinq ans d'efforts, l'argent était venu à manquer : Barringer dut jeter l'éponge, après avoir dilapidé toute sa fortune. L'échec était d'autant plus cuisant que des calculs publiés la même année par l'astronome Forrest Moulton suggérèrent que l'astéroïde était beaucoup plus petit que ce que l'homme d'affaires espérait, et qu'il avait été majoritairement vaporisé lors de l'impact, avec peu de chances qu'une masse importante de fer et de nickel soit préservée sur le site. À la suite de tous ces revers, Daniel Barringer décéda d'une crise cardiaque le 30 novembre 1929, à l'âge de 69 ans.

Au moins, Barringer avait eu raison : contrairement à ce que maintenaient les géologues de l'époque, le cratère résultait bien d'un impact d'astéroïde, et non d'une éruption volcanique, origine prouvée par nul autre qu'Eugène Shoemaker en 1960, lorsqu'il découvrit un minéral inhabituel, la coésite, formé à très haute pression par la déflagration. Dans la foulée, les astronautes d'Apollo explorèrent le site pour se familiariser avec les cratères d'impact qu'ils allaient explorer sur la Lune.

Pour les planétologues, Barringer Crater, ainsi qu'il s'appelle désormais, est un laboratoire à ciel ouvert des mécanismes à l'œuvre lors d'un impact, comme le chamboulement des strates rocheuses autour du point zéro, retournées comme des crêpes, ou encore les failles qui saucissonnent l'ensemble. Chaque fois que je m'y rends, je découvre un nouvel aspect du cratère, et au terme de la journée, lorsque les touristes sont partis, je m'assois pour contempler le site dans la lumière du soir – ses parois ravinées juxtaposant des strates blanc crème et brun rouge – et pour profiter du silence absolu du désert.

C'est lors de ces pauses sur la crête du cratère qu'il m'arrive d'observer un étonnant spectacle à mes pieds. Travaillant inlassablement comme autrefois Barringer et son équipe, des fourmis creusent le sol. Elles vont et viennent, rejetant hors de leurs galeries tout ce qui les gêne dans leur travail d'excavation. Or, en regardant de près les petits tas sombres autour des trous, je me suis aperçu que cet amoncellement de matière indésirable a une particularité remarquable : ce sont des éclats minuscules du fameux astéroïde tant recherché, de minuscules grains de fer. Je me suis amusé à passer un aimant au-dessus des petits tas : il ramasse tout.

Apparemment, le fer dérange grandement les fourmis du cratère. En consultant les articles publiés par les spécialistes de ces insectes, je crois en avoir trouvé la raison : des particules d'oxyde de fer et autres minéraux magnétiques sont logées dans les antennes et l'abdomen des fourmis, qui leur servent de capteurs pour déceler le champ magnétique terrestre, s'orienter et naviguer dans leurs galeries et à l'extérieur. Les innombrables grains de fer dans le sol du cratère créent d'insupportables champs parasites, et les fourmis travaillent inlassablement pour les rejeter hors du nid. Daniel Barringer aurait dû les engager pour exploiter sa concession…

11. Meteor Crater

La dernière promotion d'astronautes de la NASA explore le Meteor Crater (Arizona) en 2017. Le site de l'impact fut longtemps soupçonné d'abriter un riche gisement de fer. (© USGS/Bill Stafford ; https://www.usgs.gov/media/images/usgs-astrogeology-training-astronauts-meteor-crater-arizona)

Un trésor est caché dedans

Si des métaux précieux sont pulvérisés et distribués à dose homéopathique dans l'environnement lors d'un impact, rendant leur récupération économiquement impossible, on peut se demander s'il est intéressant d'aller dans l'espace rencontrer certains astéroïdes, non pas pour les détourner, mais pour les exploiter.

Miner les astéroïdes est un vieux rêve, et plusieurs sociétés se sont montées dans les années 2010 avec cet objectif en ligne de mire, telles Planetary Resources (avec pour co-fondateur le cinéaste James Cameron) et Deep Space Industries, rejointes en 2022 par AstroForge, toutes trois américaines. En effet, même si l'exploration et l'exploitation des corps célestes, selon un vieux traité des Nations unies de 1967, doivent se faire pour le bénéfice et les intérêts de tous les pays, ces corps devant être considérés comme des « provinces de l'humanité », le gouvernement américain a contourné ces belles paroles en faisant adopter au Congrès un nouveau texte de loi en 2017, qui se veut « faciliter l'exploration et l'utilisation commerciale de ressources spatiales par les citoyens des États-Unis », et notamment l'exploitation des astéroïdes[1].

Ce n'est pas tant le fer et le nickel qui intéressent les investisseurs, même si un astéroïde métallique d'un kilomètre en contiendrait deux milliards de tonnes, soit deux fois plus que la production mondiale de ces métaux ici-bas, au cours d'une année entière. Il serait toutefois impossible de rapporter le minerai sur Terre, sans que le coût de l'opération soit tout simplement astronomique, hors de proportion avec le faible prix de vente du fer et du nickel.

En revanche, le principe mérite d'être étudié pour des métaux plus précieux comme le platine et autres éléments rares – palladium, rhodium, iridium – utilisés dans les alliages et l'électronique, et dont le prix de vente atteint près de 200 000 euros par kilogramme pour les deux derniers cités (en date de 2024). Un tel prix s'explique par leur concentration infime dans la croûte terrestre : même dans un gisement

1. *Space Resource Exploration and Utilization*, voir le texte complet de la loi : https://www.congress.gov/bill/114th-congress/house-bill/2262/text

où il est concentré au maximum, le platine n'est présent sur Terre qu'à hauteur d'un gramme par tonne (une part par million), et le rhodium est encore plus rare. Un astéroïde pourrait contenir les mêmes concentrations qu'un gisement terrestre, mais sur toute sa surface et à travers tout son volume, plutôt que dans de petites veines et fractures. Les concentrations restent toutefois infimes, et on ne voit pas comment une entreprise pourrait construire une usine sur un astéroïde pour extraire et concentrer ces métaux, puis rapatrier par fusée la cargaison sur Terre, de manière que l'opération soit économiquement rentable. D'autant qu'un effet économique pervers viendrait s'y ajouter : si de tels métaux rares inondaient le marché terrestre, leurs cours chuteraient, et les bénéfices fondraient pour les entrepreneurs.

Si les astéroïdes représentent un quelconque intérêt économique, ce serait plutôt leur teneur en une matière si banale qu'on aurait tendance à l'oublier : l'eau, tout simplement. Nombre de petits corps, noyaux de comète et astéroïdes carbonés, en contiennent d'énormes quantités : jusqu'à 20 % en masse. L'idée n'est pas de rapatrier cette eau sur Terre (on en a suffisamment), mais de l'exploiter sur place : faire fondre la glace – un simple four solaire ferait l'affaire – puis la dissocier en oxygène et hydrogène par électrolyse, la lumière solaire fournissant là aussi l'électricité photovoltaïque pour accomplir l'opération.

De malins investisseurs transformeraient ainsi des astéroïdes en stations-service pour alimenter les étages de fusée et autres vaisseaux interplanétaires en propergol – oxygène et hydrogène liquides – que les opérateurs n'auraient plus à acheminer à prix d'or du sol jusqu'en orbite terrestre. Ce n'est pas anodin : un vol piloté en partance pour Mars, par exemple, a besoin d'environ 500 tonnes de propergol en orbite terrestre, pour l'élancement final vers la planète rouge. Au prix actuel du kilogramme en orbite – environ 2 000 euros avec les fusées d'Elon Musk, en date de 2025 – cela représente un milliard d'euros, s'il fallait lancer ce propergol depuis la Terre.

En matière de prospection d'astéroïdes, l'avenir est sans doute là. Les géocroiseurs, en particulier, seraient d'autant plus intéressants comme stations-service qu'ils viennent périodiquement raser la Terre : aller s'y poser pour les exploiter et faire le plein des réservoirs, une fois leurs usines opérationnelles, serait des plus économiques.

Une autre idée me fait sourire. Pourquoi ne pas faire d'une pierre deux coups ? Tant qu'à devoir intercepter un dangereux géocroiseur dont la trajectoire serait inquiétante pour la Terre, pourquoi ne pas profiter du fait de devoir s'y rendre pour exploiter son eau ? On laisserait une fraction de la vapeur fuser hors de l'usine, comme moyen de propulsion pour dévier l'astéroïde dans la direction voulue pour éviter la Terre, tout en dégageant un bénéfice au passage.

Mais revenons sur Terre. Les astéroïdes, tant qu'ils sont dans l'espace, ne pourront jamais nous fournir les ressources minières – métaux précieux et autres éléments rares – dont nous avons besoin ici-bas. Et lorsqu'ils s'écrasent sur notre planète, ce n'est pas mieux, ils vaporisent leur contenu qui nous échappe également. Il y a toutefois un troisième scénario, tout à fait surprenant, où l'astéroïde n'est pas l'objet prospecté, mais joue le rôle de prospecteur.

12. Vredefort

Les strates inclinées du cratère de Vredefort en Afrique du Sud. Les eaux hydrothermales de l'impact ont percolé à travers les sédiments pour y concentrer les plus riches gisements d'or de la planète. (© Unesco/Francesco Bandarin ; https://commons.wikimedia.org/wiki/File:Vredefort_Dome-113488.jpg?uselang=fr)

Or et diamants

On a vu qu'un impact d'astéroïde peut avoir des effets particulièrement nocifs sur la biosphère, s'il frappe par malheur une province géologique riche en éléments volatils piégés dans les sédiments, comme des carbonates et des sulfates, qui sont brutalement relâchés dans l'atmosphère. C'est ainsi que l'on interprète l'ampleur du désastre causé par l'impact de Chicxulub, au Yucatán, responsable de l'extermination des dinosaures : la quantité démesurée de dioxyde de carbone et de dioxyde de soufre soufflée autour du globe venant s'ajouter aux autres effets pervers de la collision. C'est ce que j'ai appelé l'effet de cible.

En revanche, j'ai toujours été intrigué par le fait que l'une des autres grandes collisions d'astéroïde sur Terre, il y a 215 millions d'années, n'a pas fait broncher la biosphère. Certes, cet astroblème de Manicouagan, au Québec, ne mesure qu'une centaine de kilomètres de diamètre[1], et l'impact de Chicxulub fut environ dix fois plus puissant (pour un diamètre du cratère deux fois supérieur, volume et énergie d'excavation sont élevés au cube, donc multipliés huit fois[2]). Mais ce n'est pas la seule différence entre les deux. La cible percutée par l'astéroïde de Manicouagan fut le socle granitique du bouclier canadien, particulièrement dur et riche en silice, qui a certes fondu sur place, mais relâché sans doute peu d'éléments toxiques dans l'atmosphère. D'un point de vue environnemental, mais aussi d'un point de vue industriel comme on va le voir, c'est ce que j'appellerai une cible neutre.

Hormis les cibles négatives et toxiques comme Chicxulub,

1. La partie visible de l'astroblème de Manicouagan, dont la douve est occupée par un lac créé artificiellement derrière un barrage hydroélectrique, mesure environ 70 kilomètres de diamètre, mais l'astroblème est fortement érodé et les planétologues estiment que son diamètre initial atteignait 100 kilomètres.

2. Le volume d'un cratère, qui représente l'énergie de la collision, est proportionnel au cube de son diamètre. Un diamètre de cratère deux fois plus grand correspond donc à un rapport de volume et d'énergie proportionnel au cube de 2 ($2^3 = 8$ fois plus grand).

et les cibles neutres comme Manicouagan, pourrait-il y avoir des cibles positives ? En d'autres termes, un impact d'astéroïde pourrait-il apporter, en visant bien, un avantage à la biosphère ou à la civilisation humaine ?

On a vu, en prologue de cet ouvrage, comment l'impact de Charlevoix a creusé un relief qui était inhospitalier au départ, et permis au peuple québécois de s'installer dans son amphithéâtre, d'y cultiver la terre et d'élever du bétail. Une collision d'astéroïde peut-elle faire mieux encore ?

Oui, et il suffit pour cela de reprendre notre remontée du Saint-Laurent, au-delà de Québec et de Montréal, jusqu'au lac Ontario, puis de bifurquer vers le nord et gagner la ville de Grand Sudbury, autrefois appelée Sainte-Anne-des-Pins, qui compte près de 20 000 habitants et a été fondée en 1883.

À l'époque, le paysage était sauvage et couvert de pinèdes, mais le progrès venait de pointer son nez, avec la construction du grand Chemin de fer Canadien Pacifique, reliant l'est du Canada à la côte Ouest. Or, en dynamitant le terrain pour faire passer la voie au nord des Grands Lacs, les ouvriers tombèrent sur des fragments de roche dense, d'aspect rouillé, que les géologues et forgerons du chantier identifièrent sans peine comme étant du minerai de fer, se distinguant surtout par une haute teneur en nickel et en cuivre. Les prospecteurs affluèrent, multipliant les concessions et creusant des galeries, trouvant des filons de plus en plus riches, et même de l'or. En 1910, après seulement vingt ans d'exploitation, le petit comptoir ferroviaire de Sainte-Anne-des-Pins, devenu la grande ville minière de Sudbury, produisait plus des trois-quarts du nickel mondial.

La corne d'abondance ne montrait aucun signe de tarir : décennie après décennie, le sous-sol de Sudbury a livré des millions de tonnes de métal précieux, même s'il a fallu creuser des puits de mine de plus en plus profonds. Après plus d'un siècle d'exploitation, le butin total se monte à près de 20 millions de tonnes de cuivre et autant de nickel, plus de 3 000 tonnes d'argent, 300 tonnes de platine et 100 tonnes d'or. Difficile de convertir en devises d'aujourd'hui, mais la valeur totale des métaux extraits est estimée à 500 milliards de dollars canadiens, soit environ 350 milliards d'euros. Et tout cela grâce à un astéroïde.

Au fil des prospections et des reconnaissances de terrain, les géologues se sont en effet rendu compte que les filons suivent le contour d'une gigantesque structure elliptique, mais qui était autrefois circulaire, déformée par la tectonique au cours des âges, mesurant 60 kilomètres de long sur 30 kilomètres de large : un très vieux cratère d'impact, âgé de deux milliards d'années[1]. Sa cuvette abrite une couche de roche magmatique de 2 000 mètres d'épaisseur, autrefois interprétée comme volcanique, mais qui est en fait l'immense chaudron de roche locale fondue par l'impact.

Et c'est là que l'effet de cible a joué en faveur de la civilisation humaine et de son industrie minière. Au point zéro, le terrain consistait en une croûte d'anciennes roches volcaniques – des basaltes et autres laves riches en fer et nickel – et leur fonte a généré un immense brouet métallique qui a barboté des milliers d'années durant, opérant à la manière d'une distillerie géante. Les métaux les plus denses ont coulé au fond

1. L'âge de l'astroblème de Sudbury est estimé à 1,85 milliard d'années et son diamètre initial, avant érosion et compression par les forces tectoniques, à environ 200 kilomètres, soit similaire à celui du cratère de Chicxulub.

et infiltré les fractures périphériques, donnant les filons tant convoités. En outre, une mer peu profonde devait exister à proximité du site, dotant le chaudron d'une riche circulation hydrothermale qui a aidé à concentrer dans ses fissures des métaux rares, comme l'or et le platine[1].

L'astroblème de Sudbury, en tant que pourvoyeur de richesses, n'est pas un cas isolé. Un grand impact en Afrique du Sud, à une époque encore plus reculée, a forgé une structure qui mesurait initialement près de 300 kilomètres de diamètre : le plus grand cratère d'impact recensé sur Terre. Sévèrement érodé depuis sa formation, il y a plus de deux milliards d'années, il ne reste plus de cet astroblème de Vredefort que son noyau de granite fracassé, et un anneau de sédiments lacustres, enfouis dans des fosses périphériques et protégés de l'érosion jusqu'à l'époque actuelle, quand elles ont refait surface.

Or, cet anneau de sédiments – le bassin de Witwatersrand – est le plus grand gisement d'or sur Terre. En un siècle d'exploitation, il en a été extrait 50 000 tonnes, la moitié de la production mondiale, d'une valeur totale estimée à 50 milliards de dollars. Le calcul des réserves montre qu'il en reste tout autant à extraire, sans compter une bonne centaine de milliers de tonnes d'uranium.

Tout comme à Sudbury, c'est la nature de la cible qui a généré cet incroyable eldorado en Afrique du Sud. Les sédiments lacustres de l'époque avaient accumulé toutes sortes de minéraux arrachés par les torrents aux montagnes voisines, y compris des particules contenant de l'or et de l'uranium,

1. Pour une visite autoguidée du site de Sudbury, voir https://www.ontario.ca/fr/page/geotours-du-nord-de-lontario

éparpillées en concentrations homéopathiques. Dans l'état, elles n'auraient jamais été économiquement rentables, si l'impact n'était pas venu les mettre en branle. En pulvérisant les sédiments et en y injectant de l'eau ultra-chaude, il a joué le rôle d'une lessiveuse, dissolvant les métaux précieux pour les transporter et les concentrer dans les fractures. Aujourd'hui, puits et galeries permettent d'atteindre ces filons vieux de deux milliards d'années, et de récupérer le trésor.

Il ne manquerait plus qu'un astéroïde nous fabrique des diamants, me direz-vous. Banco. En s'écrasant sur la péninsule de Taïmyr en Sibérie, il y a 36 millions d'années, le dernier gros astéroïde à percuter la Terre a choisi le bon endroit pour ce faire : un empilement de couches de calcaire marin qui avaient été ensevelies et « cuites » sous pression au fil du temps, leur carbone se transformant en graphite, une forme naturelle et très pure de cet élément. Or du graphite au diamant, il n'y a qu'un pas : il suffit d'augmenter la pression.

C'est ce précieux service dont s'est chargé l'astéroïde, créant le cratère du Popigaï, large d'une centaine de kilomètres, ce qui en fait le quatrième plus grand astroblème connu, après Vredefort, Sudbury et Chicxulub, et à égalité avec Manicouagan. La pression phénoménale de l'impact a littéralement choqué les particules de graphite pour en faire des diamants. Leur concentration est modeste : une centaine de milligrammes par mètre cube de roche, disséminés dans une coquille d'un kilomètre d'épaisseur, à douze kilomètres du point zéro. En deçà, tout a été vaporisé ou liquéfié ; au-delà, la pression était tombée à des valeurs trop faibles pour opérer la métamorphose. Mais, en faisant le calcul, une telle coquille doit renfermer dix millions de tonnes de diamants, près de dix fois la quantité estimée de toutes les autres réserves connues de la planète.

Pourquoi ne se les arrache-t-on pas ? D'une part, parce qu'il ne s'agit pas de gros diamants de joaillerie, mais de microdiamants d'un millimètre de diamètre – la taille de grains de sel – ce qui les rend comparables aux diamants de synthèse à vocation industrielle, mais cela n'en reste pas moins un beau marché. L'autre raison, c'est que le site sibérien est difficile d'accès et l'extraction des diamants serait coûteuse, et surtout parce que la Russie met l'accent sur son industrie de fabrication de microdiamants au laboratoire et ne tient pas à lui faire concurrence, même de façon interne. Toujours est-il que plusieurs centaines de millions de milliards de diamants sont là, tout autour du cratère, attendant qu'on les exploite.

Cuivre et nickel, or et uranium, platine et diamants : n'en jetez plus. En contrepartie à leur pouvoir destructeur, les impacts d'astéroïdes et de comètes ont fourni à notre civilisation des ressources minérales insoupçonnées. Mais il y a plus étonnant encore : ils nous aident à extraire du sol gaz et pétrole.

Le pétrole de Chicxulub

On rappellera que c'est une compagnie pétrolière, la Pemex, qui s'était intéressée en premier à la mystérieuse structure enfouie sous le Yucatán, laquelle s'était révélée au bout du compte être le cratère d'impact responsable de la mort des dinosaures. La découverte n'avait aucun intérêt pour la Pemex : logiquement, le bassin enfoui d'origine météoritique ne renfermait aucune goutte de pétrole. Mais patience : l'histoire ne s'arrête pas là.

Comment un cratère d'impact pourrait-il receler des

hydrocarbures ? C'est contre-intuitif et tout à fait improbable, à première vue. Même si un astéroïde ou une comète contenait des molécules organiques à base de carbone, et en fait c'est souvent le cas, celles-ci seraient vaporisées et dissociées lors de l'impact, sans autre espoir que celui d'enrichir notre atmosphère en dioxyde de carbone.

Mais il y a un aspect supplémentaire à prendre en compte, découvert de manière tout à fait accidentelle par les prospecteurs dans leur quête d'hydrocarbures.

Il faut d'abord savoir qu'il y a deux choses que cherchent les géologues, quand ils traquent du gaz ou du pétrole. La première, ce sont des sédiments marins, d'origine biologique. Les hydrocarbures sont des molécules à base de carbone qui résultent de la décomposition de tous les cadavres de plancton – algues et animaux microscopiques – qui ont coulé et se sont accumulés sur le fond marin. Les meilleurs endroits sont les eaux chaudes et peu profondes où la vie a prospéré autrefois : ce n'est pas un hasard si certains des plus riches gisements de la planète se trouvent au fond du golfe Persique ou du golfe du Mexique. Ensuite, il faut que ces couches chargées de matière organique soient ensevelies sous des sédiments plus récents, qui les enfoncent jusqu'à plus de 2 000 mètres de profondeur : fortes température et pression y cuisent la matière organique qui se transforme en gaz et en pétrole. C'est la première étape.

La seconde étape, c'est que ces molécules devenues légères ont tendance à remonter à travers les roches qui les recouvrent, à travers leurs pores et fractures. Dans certains cas, elles arrivent jusqu'en surface et s'évaporent dans l'atmosphère. Dans d'autres, elles sont arrêtées dans leur ascension par une couche de roche imperméable qui constitue un « toit », par exemple une couche de sel ou d'argile, sous lequel elles s'accumulent : ainsi se créent les gisements tant convoités. Il suffit alors d'effectuer un forage pour percer le toit et extraire le gaz ou le pétrole piégé dessous. L'idéal, c'est de trouver une structure circulaire enfouie, en forme de dôme : arrivés au toit, les hydrocarbures vont glisser progressivement jusqu'au sommet du dôme, où leur concentration devient maximale. C'est pour cela que les prospecteurs adorent découvrir des structures circulaires souterraines : les bassins où les sédiments riches en plancton se sont accumulés, et les dômes où les hydrocarbures résultants se sont fait piéger.

Prenez l'exemple des grandes plaines du Midwest américain, où de chaudes mers ont autrefois clapoté durant la période carbonifère (la bien nommée), il y a 350 millions d'années. Des puits exploratoires forés dans le Dakota du Nord, durant les années 70, sont tombés, au lieu-dit Red Wing Creek, sur un gisement de pétrole à plus de 2 000 mètres de profondeur, dans une structure en forme de sombrero, les hydrocarbures étant rassemblés dans la couronne centrale et surélevée du chapeau.

Il ne fallut pas longtemps pour découvrir qu'il s'agissait en fait d'un cratère météoritique, d'une dizaine de kilomètres de large. L'impact avait fracassé les roches carbonifères, retournant les roches poreuses à la verticale, sur la tranche, autour du pic central, de sorte que les hydrocarbures étaient montés dans cette gaine, formant d'épaisses colonnes jusqu'à buter sur une couche de sel faisant office de bouchon. Une fois le bouchon percé par les prospecteurs, le cratère d'impact de Red Wing Creek a livré près de 20 millions de barils de pétrole en date, et les réserves estimées font état de 60 millions de barils supplémentaires qui restent à extraire.

Red Wing Creek n'est pas un cas isolé. Une vingtaine de cratères d'impact recensés sur Terre sont exploités pour leurs hydrocarbures, soit dix pour cent d'entre eux (sur les quelque 200 astroblèmes catalogués au total, en date de 2025). Ils créent cette richesse en concentrant des réserves d'hydrocarbures formées *avant* l'impact, comme à Red Wing Creek, ou au contraire en servant de substrat pour accueillir des sédiments et leur plancton *après* l'impact, comme au cratère Ames dans l'Oklahoma. Ici, à la suite d'un impact qui a eu lieu il y a près de 500 millions d'années, la cuvette d'une quinzaine de kilomètres de large a servi de piscine à plancton, lequel s'est déposé sur le fond du cratère et a investi ses roches fracturées, avant d'être recouvert d'argiles qui ont scellé le réservoir. Depuis 1991, date de sa découverte, le cratère Ames a livré près de 20 millions de barils de pétrole, tout autant que Red Wing Creek.

La plus grande surprise, toutefois, nous provient d'un candidat que l'on avait trop tôt enterré, pour ainsi dire. J'ai nommé Chicxulub : l'astroblème de la fin des dinosaures, que la Pemex avait classé sans intérêt, après l'avoir foré en vain dans les années 50. Oui, mais voilà : ce n'était pas dans le cratère qu'il fallait chercher, mais à côté.

Cette histoire peu banale a débuté en 1958 dans la baie de Campeche, au fond du golfe du Mexique. Rudesindo Cantarell Jiménez, pêcheur de son état, remarqua du pont de son chalutier, à 80 kilomètres des côtes, une tache d'huile sur la mer. Les autres membres de l'équipage l'attribuèrent à une épave, perdant du mazout de sa soute ; Cantarell pensa pour sa part qu'il s'agissait plutôt des fuites d'un gisement sous-marin d'hydrocarbures, mais décida de garder le silence, parce qu'il craignait que la ruée des industriels sur place ne ruine à jamais leur site de pêche, voire que son accès leur soit interdit. Il continua ainsi à pêcher sans mot dire, dix ans durant, jusqu'à finalement raconter son histoire, en 1968, à un ami qui lui achetait du poisson. Ce dernier pressa Cantarell d'en informer la Pemex, laquelle écouta sans grande conviction le récit du pêcheur, mais promit d'en discuter en commission.

Trois ans plus tard, apparemment peu pressée, ladite commission demanda à Cantarell de les mener sur le site, et les chimistes de la Pemex prélevèrent quelques échantillons à la surface de la mer.

C'était bien du pétrole, et même du bon, mais ériger une plate-forme en mer n'était pas une mince affaire à l'époque et coûtait six fois plus cher qu'une exploitation à terre, et les années continuèrent à passer. Lorsque enfin débuta le premier forage, le 23 juin 1979, les pétroliers n'en crurent pas leurs yeux : le gisement se mit à dégorger 50 000 barils de pétrole par jour, production qui doubla, puis décupla, à mesure que la Pemex multipliait les puits. En 1981, elle dépassait la barre du million de barils par jour, et attint même deux millions de barils par jour en 2004, en faisant le deuxième gisement de pétrole le plus prolifique au monde, derrière le champ pétrolifère de Ghawar en Arabie saoudite.

Et Rudesindo Cantarell dans tout cela ? La Pemex donna en grande pompe (si l'on peut dire) son nom au gisement, lui remit une médaille d'or, et l'engagea dans l'un de ses laboratoires comme agent d'entretien, à 70 ans passés, avec un CDI, et aucune augmentation de salaire jusqu'à sa mort en 1997, à l'âge de 82 ans. On peut comprendre cette gestion prudente de la part de la Pemex, car le gisement n'avait rapporté à la compagnie que la bagatelle de cinq milliards de dollars.

À mesure que l'aire de production s'étendait dans la baie

de Campeche, sur le site de Cantarell et tout autour, les géologues se mirent à comprendre comment s'était formé cet extraordinaire réservoir de gaz et de pétrole. Dans un article pour le moins fracassant, publié en l'an 2000, le géologue mexicain José Grajales-Nishimura et toute une équipe de spécialistes, comprenant entre autres l'incontournable Walter Alvarez et le géologue belge Philippe Claeys, ont dévoilé le pot aux roses.

C'est l'impact de Chicxulub qui a construit le piège à pétrole, en secouant le fond du golfe du Mexique comme un tamis, déclenchant des avalanches sous-marines qui ont entassé 200 à 300 mètres de sédiment grossier et poreux, constituant l'éponge « réservoir » où sont venus s'accumuler gaz et pétrole des planctons en décomposition depuis des millions d'années dans les couches sous-jacentes. La pluie de sphérules tombées du ciel, dans les minutes qui ont suivi l'impact, est venue sceller le toit du réservoir d'une couche d'argile étanche.

Des failles ont par la suite découpé le gâteau pétrolifère en gros blocs, renversés sur la tranche comme à Red Wing Creek dans le Dakota, formant des « bombonnes » verticales que gaz et pétrole sont venus remplir jusqu'au bouchon d'argile qu'il ne restait plus qu'à percer. Certaines de ces bombonnes d'hydrocarbures mesurent jusqu'à 1 000 mètres d'épaisseur, leur jaillissement spectaculaire dans les puits de forage étant propulsé par le gaz naturel sous pression.

Quelle ironie du sort que l'un des impacts les plus terrifiants de l'histoire de la Terre ait créé l'une des plus importantes ressources économiques livrées à la civilisation humaine ! Comme quoi, tel que l'évoquait le chasseur d'astéroïdes Tom Gehrels, les astéroïdes sèment à la fois dévastation et renouveau. De fait, près d'un tiers de tous les cratères d'impact – une bonne soixantaine – nous procurent des ressources énergétiques et minérales.

Épilogue

Ma vie dans un cratère

J'ai toujours voulu être astronaute et faire partie des heureux élus qui partiraient, un beau jour, explorer la planète Mars. Début 2001, je venais d'avoir 45 ans et je pensais avoir manqué ma vocation lorsque je reçus un appel qui allait changer ma vie.

Au bout du fil : Robert Zubrin, président de la société Pioneer Astronautics et spécialiste des missions martiennes auprès de la NASA. Étais-je toujours d'accord pour partir ? Le comité de sélection, réuni au centre Ames de l'agence spatiale, avait retenu ma candidature. Avant que je puisse reprendre mon souffle, Zubrin m'énuméra les risques et les conditions, si je voulais poursuivre l'aventure. J'acceptai sans l'ombre d'une hésitation : oui, je ferais partie de cette première expédition sur la planète rouge, et oui, je serais fin prêt pour le mois de juin.

Le site d'atterrissage était connu depuis longtemps : le cratère d'impact Haughton près du pôle Nord de la planète, large de 23 kilomètres, où la base était déjà en cours de construction. Robert Zubrin commanderait la mission, avec Brent Bos pour ingénieur de bord, alors que la chimiste sri-lankaise Christine Jayarajah s'occuperait des analyses chimiques, et que je ferais équipe pour la prospection géologique avec la Danoise Cathrine Frandsen.

Le choix d'un cratère d'impact pour la première mission martienne s'imposait logiquement. Nombre de ces structures ont abrité des lacs dans un lointain passé, à l'image des cratères Gale et Jezero, explorés par les robots automobiles Curiosity et Perseverance, et comme l'un des principaux objectifs des missions martiennes est de découvrir des traces de vie présentes ou passées sur la planète rouge, des sédiments lacustres figurent parmi les sites favoris des biologistes.

C'est donc sur la crête du cratère Haughton, le 18 juillet 2001, que munis de nos scaphandres nous avons ouvert l'écoutille du sas et descendu un à un les barreaux de l'échelle, Cathrine Frandsen en tête, que nous avions choisie pour être la première représentante de l'humanité à poser le pied sur Mars.

Arrêt sur image. Rembobinons deux secondes. En bord cadre, il y a un caméraman de CNN et son ingénieur son avec sa perche. Nous ne sommes pas sur Mars. Nous sommes bien sur le rebord d'un cratère d'impact, mais sur une île déserte du Grand Arctique canadien. Il s'agit en fait des premières simulations d'expéditions martiennes, organisées par la NASA et la Mars Society, et j'ai la chance d'en faire partie. Je ne suis jamais devenu astronaute, mais au moins j'aurai fait semblant.

Une base au pôle Nord

C'est le planétologue français Pascal Lee qui a eu l'idée, en 1998, de monter une base de simulation sur Terre pour préparer les futures missions habitées vers Mars. Cela faisait deux ans qu'il avait jeté son dévolu sur le cratère d'impact Haughton, dans l'île canadienne de Devon, à un millier de kilomètres du pôle Nord magnétique, pour conduire des recherches en ce sens, fondant pour l'occasion le Haughton Mars Project.

Quant au module de simulation lui-même, fondé sur l'architecture cylindrique d'un vaisseau interplanétaire, il fut parachuté en pièces détachées par l'armée américaine et assemblé sur place durant l'été 2000. Baptisé FMARS, il mesure 8 mètres de diamètre sur autant de hauteur, et offre 100 mètres carrés d'espace habitable sur deux étages : sas, atelier, toilettes et laboratoire en bas ; cuisine, salle de travail et cabines de couchage en haut. Deux générateurs fournissent l'électricité, et une parabole nous relie au monde extérieur, via le satellite canadien Anik-2. Nous poussons même la simulation jusqu'à inclure des pauses systématiques de vingt minutes dans nos échanges radio, pour reproduire le délai qu'instaure la grande distance entre Mars et la Terre.

Voici quelques extraits de mon premier rapport renvoyé à la planète bleue, publié par le journal *Libération* le surlendemain, 20 juillet 2001 :

> Travailler en scaphandre n'est pas une sinécure : restreints dans nos mouvements, maladroits avec nos gants épais, nous avons peiné pour recueillir nos échantillons et même pour prendre

des photographies [...] À la suite d'une fausse manœuvre, j'ai aussi trouvé le moyen de rompre ma canalisation d'eau potable, inondant l'intérieur de mon casque, avant que Cathrine vienne à ma rescousse et débranche le tuyau fautif.

Malgré toutes les embûches, nous nous sommes parfaitement acquittés de notre première mission : détecteur magnétique installé pour mesurer la poussière atmosphérique ; échantillons de roche, de sol et d'eau collectés ; découverte de quatre espèces différentes de fossiles. Et retour au sas à l'heure dite, après cent vingt minutes de dur labeur, fatigués, mais contents[1].

Mon aventure avait débuté, après ma sélection et les préparatifs, par un passionnant voyage vers le site de notre cratère, à travers le Haut-Arctique canadien. Le Canada, c'est le deuxième plus grand pays de la Terre en superficie, derrière la Russie, et on en prend toute la mesure en se rendant aux confins de son archipel le plus boréal, à proximité du pôle Nord. En ce mois de juillet 2001, après avoir gagné Ottawa, capitale du Canada, j'avais pris place à bord d'un avion commercial à destination d'Iqaluit dans le Nunavut – le territoire gouverné par les Inuits.

Cette première étape de 2 000 kilomètres, me faisant monter d'une vingtaine de degrés en latitude vers le nord, me gratifia d'un spectacle insolite. Parti tard le soir, pendu à mon hublot, je regardais le soleil disparaître sous l'horizon, mais le temps d'avaler un *funny coffee* (un café discrètement dopé de whisky, l'alcool n'étant pas encouragé à bord), je fus

1. https://www.liberation.fr/sciences/2001/07/20/quand-la-porte-du-sas-s-est-refermee-notre-aventure-a-commence_372088/

aussi décontenancé que le capitaine Haddock dans l'album *On a marché sur la Lune*, en voyant son whisky en boule flotter hors de son verre. Ce n'était pas mon café qui s'élevait de ma tasse, mais le Soleil qui se relevait au-dessus de l'horizon. Ma nuit n'avait duré que dix minutes, et l'astre du jour se levait déjà, car nous le pourchassions au-delà de l'horizon. Il n'allait plus se coucher de tout mon séjour : j'étais entré dans le monde mystérieux du soleil de minuit…

Après une escale à Iqaluit et un changement d'appareil, cap sur Resolute Bay, encore un bon millier de kilomètres plus au nord, sur l'île de Cornwallis. Resolute, c'est la dernière frontière : un baraquement regroupant moins de 200 habitants, d'où partent les expéditions vers les îles perdues de l'archipel, la banquise et le pôle Nord. On y croise les groupes qui partent et ceux qui reviennent, dans l'unique hôtel face au détroit du Nord-Ouest, le passage que tant de navigateurs ont tenté d'explorer autrefois, lorsqu'ils n'étaient pas prisonniers de la banquise. Il est trois heures du matin, mais l'heure ne veut plus rien dire sous le soleil de minuit : les enfants inuits jouent dehors au ballon, et les chiens huskies lézardent au pied des habitations en tôle et contreplaqué.

Deux jours à attendre les bonnes conditions météo, et nous décollons de la piste en gravier de Resolute pour notre dernière étape, dans un *Twin Otter* à turbopropulseur, convoyant vers l'île de Devon notre demi-douzaine de Martiens et leur équipement.

Devon est la pénultième île de l'archipel canadien, avant la banquise de l'océan Arctique. C'est la plus grande île déserte au monde, découverte par William Baffin en 1616. Les derniers trappeurs inuits ont quitté cette terre hostile, balayée par les blizzards, en 1936 ; l'hiver, la température y plonge à – 50 °C : la température moyenne de Mars, cela dit en passant.

C'est dans le secteur nord-ouest de l'île qu'en 1955 les premières reconnaissances géologiques, depuis avion, hélicoptère et au sol, ont mis en évidence une formation circulaire d'une vingtaine de kilomètres de diamètre, d'abord méprise pour un dôme de sel qui aurait percé la pile sédimentaire de calcaires marins, avant de se dissoudre dans la nature. Il ne fallut pas longtemps pour que les spécialistes canadiens des cratères d'impact débarquent à leur tour dans l'île au cours des années 70 pour étudier la structure et prouver son origine météoritique, qu'ils nommèrent Haughton en hommage au naturaliste irlandais du XIXe siècle, qui fit la première reconnaissance scientifique de l'archipel arctique.

Aujourd'hui, le cratère Haughton est un splendide exemple de cratère d'impact. Vieux de 39 millions d'années, il a été raboté par l'érosion, mais arbore encore une crête circulaire dominant un bassin central, au milieu duquel se dressent des collines de brèches fracassées, grises et brunes. Le module qui accueille notre groupe de martionautes est juché sur cette crête, nous offrant par ses hublots une vue imprenable sur le cratère, dans les lumières mordorées d'un soleil permanent.

13. Au travail dans le cratère Haughton

L'auteur au travail dans le cratère d'impact Haughton, lors d'une simulation d'expédition martienne, en juillet 2001. (© C. Frankel /R. Zubrin/The Mars Society)

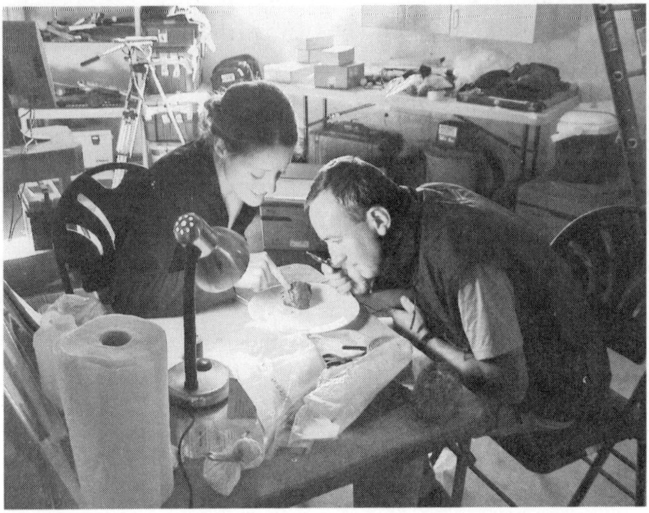

14. Analyse des échantillons

La géologue danoise Cathrine Frandsen et l'auteur étudient une brèche d'impact dans le module de simulation FMARS, sur l'île de Devon, en juillet 2001. (© C. Frankel)

Chercher la vie

Sur Mars, les cratères d'impact sont des sites idéaux pour chercher une vie primitive, voire les origines mêmes de la vie : c'est pour cette raison, rappelons-le, que la planète rouge nous intéresse tant.

Un impact sur une planète riche en eau, comme la Terre ou Mars autrefois, dégage une énergie colossale et destructrice, mais sert aussi de creuset où l'eau chaude circule des centaines de milliers d'années à travers ses fractures, se chargeant en gaz et en minéraux dissous. S'il y a un lieu où une telle circulation hydrothermale peut dynamiser, sinon créer, des systèmes vivants, c'est donc bien un cratère d'impact.

Que s'est-il passé à Haughton, il y a 39 millions d'années ? Les géologues du Haughton Mars Project, Pascal Lee et Gordon Osinski en tête, y ont découvert d'anciennes cheminées hydrothermales, trahies par des veines de quartz, de calcite et de gypse : les calculs suggèrent que des eaux chaudes, entre 50 et 120° C, idéales pour la prolifération de bactéries thermophiles, y ont percolé près de 100 000 ans[1].

Hormis le démarrage d'une vie primitive dans de tels brouets, les roches des cratères d'impact, pleines de fractures et d'alvéoles, restent aussi des lieux privilégiés pour leur épanouissement ultérieur. En trouver la preuve fut l'une des missions que nous confia le centre de contrôle « sur Terre », lors de notre simulation martienne de l'été 2001.

1. L'eau est sous pression dans des fractures en profondeur : la pression maintient l'eau à l'état liquide au-delà de 100 °C, d'où la valeur de 120 °C qui peut surprendre.

Notre directeur de mission Pascal Lee, et son acolyte Charles Cockell, spécialiste d'exobiologie, nous avaient envoyé les coordonnées GPS d'un étrange monolithe rocheux, gros comme une maison, qu'ils avaient repéré sur les images satellite. Nous devions nous y rendre, l'échantillonner, y chercher des traces de vie, et le cas échéant calculer la quantité de matière vivante que renfermait la roche.

Le 23 juillet 2001, équipés de nos scaphandres et utilisant comme moyen de transport des « quads » (inventés quinze ans auparavant et appelés à devenir de populaires véhicules de loisir), nous avons descendu le versant du cratère, trouvé notre monolithe, et passé une heure et demie à l'ausculter sous toutes ses coutures.

Pour reprendre le compte-rendu de mes aventures, envoyé au journal *Libération*, « Mon cœur bat très fort, car en examinant la paroi du monstre, je reconnais la texture d'une brèche d'impact : un pudding de roches fracassées, emballées dans une pâte gris clair, bulleuse comme de la lave. Ce gros bloc a bel et bien été éjecté par l'impact de l'astéroïde. Peut-être a-t-il bondi des kilomètres en l'air avant de retomber et de rouler[1]. »

Cette impressionnante bombe de calcaire, percluse de bulles comme de la pâte à pancake, arborait par endroits de petites taches orangées : les traces de vie que nous cherchions. Il s'agissait de lichens *extrêmophiles*, capables de vivre, comme leur nom l'indique, dans des conditions extrêmes : ils s'accommodent ici du bombardement des rayons ultraviolets en été, et de l'épaisse chape de neige en hiver.

1. https://www.liberation.fr/societe/2001/07/25/des-crateres-oasis-pour-bacteries_372473/

Les lichens sont des colonies de microchampignons, vivant en symbiose avec des algues ou cyanobactéries tout aussi microscopiques : des écosystèmes miniatures, qui ont sans doute fait partie des premières formes de vie complexes à s'être développées sur Terre. Ici, ils étaient plaqués sur la roche – on les appelle lichens encroûtant ou crustacés, mais rien à voir avec les homards – et consistaient en une couche extérieure et résistante, appelée cortex, une couche d'algues en dessous, et une couche basale, de type fongique, faisant lien avec la roche. La couleur orange du cortex provenait d'une haute teneur en caroténoïdes, pigments antioxydants qui ont pour mission entre autres de protéger l'organisme des rayons ultraviolets.

Nous avions de quoi contenter les biologistes du centre de contrôle, et nos échantillons de lichens (espèce *Rusavskia elegans*, pour être précis), accompagnés de nos rapports détaillés, leur ont beaucoup plu. Pour la petite histoire, sept ans plus tard, l'Agence spatiale européenne fit voler à l'extérieur de la Station spatiale internationale, pendant dix-huit mois, plusieurs centaines d'échantillons de microorganismes variés, certains exposés au vide de l'espace, d'autres dans des bacs sous verre, contenant une fine couche de dioxyde de carbone pour simuler l'atmosphère martienne.

Je vous le donne en mille : le candidat qui résista le mieux à ce traitement de choc fut *Rusavskia elegans*. Il se mit en mode hibernation dix-huit mois durant, et revint à la vie à son retour sur Terre, dès que les chercheurs eurent la bonté de lui donner un peu d'eau.

15. La vie dans un rocher

Le « monolithe » échantillonné dans le cratère Haughton, lors de notre simulation d'expédition martienne en 2001 : une roche riche en microorganismes adaptés aux conditions sévères de l'Arctique. (© C. Frankel)

En mission dans l'Utah

Cette mission à Devon Island, en 2001, m'avait comblé, tant pour les expériences vécues que pour les personnages fascinants et passionnés que j'y avais rencontrés. L'année suivante, j'eus la chance de prendre part à une nouvelle simulation de séjour sur Mars, cette fois en tant que commandant, dans la deuxième base construite par la Mars Society, dans le désert de l'Utah. Mon équipage comprenait le très sympathique et ultracompétent Alain Souchier (1947-2017), ingénieur en propulsion spatiale qui a grandement contribué au succès des fusées Ariane ; Pierre-Emmanuel Paulis, grand spécialiste de l'espace, écrivain, illustrateur, et animateur à l'Euro Space Center en Belgique ; mon bras droit Stacey Cusack, détachée de la NASA pour l'occasion, et responsable en temps normal des systèmes de vie de la Station spatiale internationale et de l'entraînement des astronautes ; ainsi que le biologiste Derek Shannon, et la journaliste Hilary Bowden de la BBC, spécialiste des expéditions en milieux extrêmes.

Il y aurait beaucoup à raconter sur cette deuxième mission, mais on s'éloignerait des cratères d'impact : notre base martienne était située cette fois dans d'anciennes plaines alluviales du jurassique, la formation Morrison, connue surtout pour ses fossiles de dinosaures. En tout cas, les strates de grès rouge donnaient l'impression d'être vraiment sur Mars, et j'ai tout autant apprécié l'expérience.

Une anecdote tout de même. Comme on ne pouvait pas m'ôter l'obsession des cratères d'impact, je m'étais rendu compte qu'une formation circulaire d'une dizaine de kilomètres de diamètre, Upheaval Dome, ne se trouvait qu'à une cinquantaine de kilomètres à l'est de notre base, à vol d'oiseau. Certains géologues l'interprétaient comme étant la percée d'un dôme de sel effondré, d'autres comme un cratère d'impact.

En tant que commandant de notre simulation, je me suis permis d'infléchir quelque peu les règles du jeu, et décrétai qu'en plus de nos quads pour l'exploration des environs immédiats du site nous pouvions utiliser un « rover pressurisé » pour couvrir de plus grandes distances : entendez une vieille jeep retapée de l'armée américaine, en notre possession.

C'est ainsi qu'un beau matin, nous embarquâmes, habillés de nos faux scaphandres, dans notre rover improvisé, avec pour destination Upheaval Dome. Ce n'était pas 50 kilomètres qu'il nous a fallu couvrir, mais plutôt 200, sur des routes défoncées à travers le désert, avec une petite section sur l'autoroute 70, beaucoup plus roulable, où nous trouvâmes même une station-service avec son café attenant, ce qui est particulièrement rare sur la planète Mars.

Quelle ne fut pas la surprise des serveuses et des clients de nous voir débarquer en scaphandre – sans nos casques, tout de même – pour faire le plein et manger un burger. Une personne vint nous demander, avec un certain malaise, si nous étions en train de nettoyer des déchets toxiques dans la région…

Pour clore l'anecdote, notre arrivée à Upheaval Dome fut un triomphe. Ayant remis nos casques, nous avons fièrement planté sur la crête du cratère notre drapeau martien – rouge, bleu, vert, au cas où vous ne le sauriez pas – et pris de nombreuses photographies, pour la plus grande joie des randonneurs sur le site, ravis de se faire photographier avec des Martiens. Quant à la mystérieuse structure d'Upheaval Dome, elle s'est bien révélée être un cratère d'impact : sept ans après notre passage, les géologues y ont découvert des quartz choqués, preuve irréfutable de son origine cosmique.

Retour sur la Lune

Ces simulations martiennes dans l'Arctique et dans l'Utah, suivies de deux autres en Islande et dans l'île de la Réunion, m'ont passionné, mais je n'étais pas au bout de mes surprises.

En 2004, le président George Bush fils, conscient de la concurrence chinoise qui se faisait de plus en plus pressante en matière de conquête spatiale, chargea la NASA de préparer le grand retour d'astronautes américains sur la Lune. Le cratère Haughton et sa base, dans l'île de Devon, revinrent sur le devant de la scène, pour jouer un rôle capital dans cette initiative.

C'est en effet dans un cratère d'impact, près du pôle Sud de la Lune, que les États-Unis – alliés pour la circonstance au Canada, à l'Europe et au Japon – comptent bâtir leur prochaine base spatiale, Chinois et Russes ayant du reste adopté la même stratégie. Ce choix s'explique par les raisons suivantes.

D'une part, la Lune fait un tour sur elle-même en vingt-huit jours : cela signifie qu'un jour lunaire dure quatorze jours terrestres, et une nuit tout autant. À quoi servirait une base spatiale plongée dans l'obscurité deux semaines durant, la moitié du temps ? L'exception à cette règle, ce sont les pôles.

Une base située en haut d'une crête lunaire, par exemple celle d'un cratère, tant au pôle Nord qu'au pôle Sud, est éclairée par le Soleil en permanence, même si celui-ci reste très bas sur l'horizon : un soleil de minuit permanent, en quelque sorte. Non seulement peut-on travailler sur un tel site vingt-quatre heures sur vingt-quatre, mais la lumière peut y être exploitée en permanence, au moyen de panneaux solaires, pour fournir de l'électricité en continu à la base.

L'autre atout d'un cratère situé au pôle, c'est qu'à l'inverse de sa crête éclairée tout au long de l'année le fond de son bol est éternellement plongé dans l'ombre. Depuis des millions d'années, non seulement l'obscurité, mais un grand froid règne dans ces bas-fonds, avec des températures inférieures à – 150 °C. Les sondages au radar suggèrent que de la glace d'eau y est présente dans le sol, apportée peut-être par des impacts de comètes ailleurs sur la Lune, dont les projections de molécules d'eau ont été captées au passage par le piège à froid que constituent ces zones obscures. Si cette hypothèse est avérée, alors les astronautes et leurs robots n'auraient qu'à descendre la pente de leur cratère pour se servir en glace et alimenter leur base en eau, ainsi qu'en oxygène que fournirait son électrolyse.

C'est donc pour ces raisons que les premières bases qui seront construites sur la Lune – objectif de toutes les agences spatiales à l'heure actuelle – le seront dans un cratère polaire. Le site idéal a déjà été choisi : c'est le cratère Shackleton près du pôle Sud, et le hasard a voulu qu'il affiche pratiquement le même diamètre, une vingtaine de kilomètres, que le cratère Haughton de nos simulations dans l'Arctique.

Le planétologue Pascal Lee accueille donc sur sa base HMP de l'île de Devon toute une nouvelle ménagerie, non plus de Martionautes, mais de Sélénites : les futurs explorateurs de la Lune. Gordon Osinski, pionnier des recherches géologiques sur le site, a même été nommé par la NASA pour faire partie des spécialistes qui encadreront l'entraînement des futurs astronautes.

En 2008, au début de cette nouvelle aventure qui débouchera à terme sur la construction d'une base habitée sur la Lune, je suis retourné sur l'île arctique de Devon, pour participer, non plus à une simulation martienne, mais à une simulation lunaire organisée par Pascal, avec la participation de la NASA, de l'ESA et de l'ASC, l'Agence spatiale canadienne. À leur demande, j'ai endossé de nouveau un scaphandre pour jouer le rôle d'un astronaute géologue, arpentant le cratère, posant des appareils de mesure, et collectant des échantillons.

Le 1er août 2008, notre travail été salué de la plus impressionnante façon par l'astre des nuits. La Lune est passée devant le Soleil, nous gratifiant d'une éclipse totale. Bien sûr, nous l'attendions et nous avons tous cessé notre travail pour l'admirer. Pour moi, c'était d'ailleurs une drôle de coïncidence : la dernière fois que j'avais assisté à une éclipse totale, celle du 11 août 1999, je me trouvais aussi dans un cratère d'impact, celui du Ries en Allemagne. Le jour n'est pas si lointain ou des astronautes sur la Lune, sur la crête du cratère Shackleton, verront aussi une éclipse du Soleil, mais cette fois par notre belle planète bleue.

Je n'aurai pas la chance de vivre moi-même cette belle aventure. Peut-être Thomas Pesquet ? Peut-être l'un ou l'une de mes étudiant·es que j'ai formé·es dans mes cours de planétologie ? Quant à moi, il me reste bien des cratères d'impact à visiter sur Terre, avec ou sans éclipse. Cela fait longtemps que j'ai envie d'aller en Australie, découvrir ses cratères, et une éclipse totale traverse le continent en écharpe, le 22 juillet 2028, une magnifique éclipse de surcroît, d'une durée de cinq minutes et dix secondes.

Un coup d'œil aux cartes me vaut une belle surprise. L'ombre de la Lune passera à proximité du superbe astroblème de Gosses Bluff, un lieu sacré pour les Aborigènes qui racontent qu'au temps des rêves des femmes célestes ont laissé échapper un bébé dans son panier, qui a frappé la Terre et soulevé les remparts du cratère. Quelle meilleure destination que celle-là ? Encore un nouveau rêve à réaliser…

Table

Du même auteur

La Vie sur Mars
Seuil, « Science ouverte », 1999

La Mort des dinosaures
L'hypothèse cosmique
Seuil, « Points Sciences », 1999

Terre de France
Une histoire de 500 millions d'années
Seuil, « Science ouverte », 2007
et Points Sciences, 2010

L'Homme sur Mars
Science ou fiction ?
Dunod, « Quai des sciences », 2007

Vous êtes ici !
Les idées clés pour comprendre notre planète
Dunod, « Oh, les sciences », 2008

Dernières nouvelles des planètes
Seuil, « Science ouverte », 2009

Terre de vignes
Seuil, « Science ouverte », 2011
et Points Sciences, 2013

Guide des cépages et terroirs
Delachaux et Niestlé, 2013

Vins de feu
À la découverte des terroirs des volcans célèbres
Dunod, 2014

Extinctions
Du dinosaure à l'homme
Seuil, « Science ouverte », 2016

Terre secrète
Merveilles insolites de la planète
(avec Patrick Baud)
Dunod, 2017

L'Aventure Apollo
Comment ils ont décroché la Lune
Dunod, 2018

Secrets et légendes de la Terre
Dunod, 2021

Magellan à la plage
À la découverte de la Terre dans un transat
Dunod, « À la plage », 2024

RÉALISATION : NORD COMPO À VILLENEUVE-D'ASCQ
IMPRESSION : NORMANDIE ROTO IMPRESSION S.A.S. À LONRAI
DEPÔT LÉGAL : FÉVRIER 2025. N° 155047 (2405476)
IMPRIMÉ EN FRANCE